JN091622

数学初心者のための

Maxima入門

マキシマ

はじめに

従来、コンピュータを用いて計算をする場合、プログラムを組む前に、人間が手作業で式を整理しておく必要がありました。

その整理された式をもとにプログラムを組み、それに測定したデータを入力し、最終的に数値として結果を得ていました。

この処理方法は「数値解析処理」と呼ばれ、実数を有限精度の浮動小数点数として近似し、丸め誤差を許容した上で処理を施すので、厳密解を得ることが困難でした。

*

それに対し、「数式処理ソフト」は、数式自体の処理を行ないます。

入力された式に含まれる変数や演算子、関数の意味を理解した上で、可能な範囲で代数的な規則に基づく厳密な処理を施します。

「Maxima」は後者の「数式処理ソフト」に分類されるもので、1960年代のMITのMACSYMAプロジェクトで開発されたソフトを源としています。

それをテキサス大学のWilliam Schelter氏がGCL版に移植し、氏の死後は、有志によって保守と開発が進められています。

このMaximaは「GPL」(GNU General Public License)の元で配布されるオープンソースソフトで、無料で利用することができます。

本書では、数学の教科書や問題集で取り扱われるごく基本的な問題について、Maximaを用いて途中の計算から厳密解の導出まで一貫して処理します。

さらにはプログラムを活用してその過程を積極的に自動化することで、数学とコンピュータを融合していきます。 それによって数学の可能性が大きく広がり、そしてプログラミングが身近なものになることを体験していただければ幸いです。

*

本書を執筆するにあたり、学生時代からお世話になっているL・S・N・Mの各先生方、天国におられるI先生・H先生・会長先生、そしてまーくんさん・お母さん・文さんにお礼を申し上げます。ありがとうございました。

河西つかさ

CONTENTS

第1章 導入

ここでは、本書の対象や、使われる用語について解説します。

1-1 「数学情報化」について

本書では、数学の教科書や問題集で取り扱われる「ごく基本的な問題」について、数式処理ソフトウェアを用いて途中の計算から厳密解の導出までの処理の過程を自動化することで、「数学」と「コンピュータ」を融合していきます。

本書では、従来のような、

- **難しい計算が必要になった際にコンピュータを活用して楽に計算をする方法を学ぶ。**
- **コンピュータが得意とする特定の分野について、その活用法を知る。**

ためのものではなく、

- **コンピュータが紙と鉛筆に代わるツールとして手軽に利用できる段階に近づきつつある。**
- **人間の数学的な思考をコンピュータ上で再現することができる。**

ことを理解してもらい、それによって「数学の可能性が大きく広がる」「プログラミングが身近なものになる」ことを体験していただきたいのです。

本書で取り扱う内容は、従来とは考え方や得られる効果が大きく異なるので、**「数学情報化」**と呼ぶことで明確に区別したいと思います。

1-2 「数学」と「コンピュータ」の融合

従来のようなコンピュータを用いた計算方法、つまり、コンピュータ上でプログラムを作成しそれに数値を代入して計算をした場合には、浮動小数点表示の近似解の形でしか解を得ることができません。

人工衛星の軌道を計算したり、建物など構造物の強度を計算する場合にはそれでよいのですが、その方法で求めた計算結果をそのまま解答用紙に書き写しても点数は貰えません。

学校教育における数学には、科学技術の基本ツールとしての数学とは異なり非常に多くの「暗黙の了解」、言い換えれば「教育者のこだわり」があり、それを処理できるほどの表現力が従来のコンピュータにはなかったのです。

ところが、近年の急速な技術進歩により、コンピュータが数学という科目において「非常に役に立つツール」に変化しました。そこで、本書ではいくつかの例を挙げて数学の思考プロセスをコンピュータの処理の流れとして移植し、数学という科目 がコンピュータに融合されていく様子を読者の皆様と一緒に見ていきたいと思います。

> ※数学の専門家が研究する、いわゆる純粋数学と呼ばれる分野は、コンピュータで処理ができるような単純なものではありません。
> 誤解を招かないよう、あらかじめ念押ししておきます。

1-3 対象とする読者

本書は、たとえば次のような方々を対象にして書かれています。

- 中学校(高学年)・高校の生徒、予備校・大学の学生
- 数学やコンピュータに興味のある方
- 数学の問題を解くことが単純作業の繰り返しでつまらないと感じている方
- 数学が苦手でも、理科系に進学したいと考えている方
- プログラミング教育に興味のある方
- 教材作成やテスト作成の業務の効率化を考えている先生方
- 手軽に数式処理ソフトウェアを使いたいと考えている研究者や技術者の方
- 数式処理ソフトウェアの購入を検討していたものの、ライセンス料が高価で諦めた方

1-4 プログラミング技術の習得

昨今、「プログラミング教育」が注目されていますが、公的な教育機関や民間のプログラミングスクールなどで実施されるプログラミング教育でどのようなことを学習可能であるのか考えたことはあるでしょうか。

実際のところ、一般的な開発ツールを用いたプログラムの文法の学習、ロボット教材などのプログラミング教育向けの専用キットを使っての動作確認、大学の教養課程などでは積分近似などの簡単な数値計算プログラムを作るくらいが関の山ではないでしょうか。

筆者は、教育機関で実践的なプログラミング技術を習得することは困難であろうということを認識していました。

先生方の中には「生徒自身で課題を発見してプログラムを組み、それによって作業が効率化したことを確認させ、最終的には感動体験に結び付けたい」というような内容のシラバスを準備する人もいるかと思いますが、少々無理があると思います。

現在では、個人が常識の範囲で作れるようなソフトウェアはすでに誰かがインターネットで公開しているため、そもそもプログラムを作る動機となるような分野を見い出すこと自体が困難なのです。

個人でプログラムを作れるようになるためには発想の飛躍ができる人や探求心が旺盛な人、すなわち「遊ぶ能力」に長けた人である必要があるのですが、教育機関はそれとは逆の人になる方法を習得する場所なので、結局、どこかの会社組織に所属し、プログラム作成業務の一部を自分の興味とは関係なく強制的に担当させられる以外に習得できる機会がないのです 。

*

夢のないことをいろいろ書きましたが、本書の場合にはそれとは状況が異なり、「いくらかの制約はある」ものの、上にあるようなシラバスを作ることも可能かもしれません。

何故なら、まったくの新しい分野なので、簡単に課題を見い出すことができるからです。

本書で紹介されている自作関数に少し機能を追加するだけで、世の中に公表されていないオリジナルの作品になるのです。

その自作関数の作成にかかる時間についても、簡単なものなら授業１コマ分あれば可能ですし、その効果を確認できるだけの問題集などの豊富な教育資産もあります。

また、少々不謹慎な表現になるかもしれませんが、数学のあまり得意でない生徒に「嫌いな数学をやっつけたぞ」と思ってもらえたなら、充分に感動体験と言えるのではないでしょうか。

さらに、本書の場合には数学の思考プロセスのノウハウを自作関数の中にプログラムの形で記述することになることになるので、一つの課題で数学とプログラムの二つの知識を習得する機会になります。

上の方で「制約がある」と書きましたが、現在はSNSの発達により知識の共有が容易な時代なので、誰かが作成したプログラムをインターネットからコピーするだけで簡単に利用できるような状況になれば面白味は減少します。

本書で紹介している内容は、これからの時代の標準的な計算手法として長期にわたり活用されることになると思われるので、今後どのように社会が変化しようとも知識そのものが無駄になることはないと考えています。

しかし、現在のような参考資料が少ない不便な状況こそが楽しみながら実力を養うチャンスなので、数学やコンピュータに興味のある人は早めにチャレンジしていただければと思います。

ここで、本書を活用して数学やプログラミングを学習する場合のメリットとデメリットについて、著者が理解している範囲で簡単にまとめておきます。

メリット

- すでにあるパソコン・スマートフォン・タブレットを活用できる。
- プログラム統合開発環境（コンパイラ）を別途購入する必要がない。
- ロボット教材など、プログラミング教育用の教材を別途購入する必要がない。
- 普段の数学の授業の延長なので、数学の復習用にも活用できる。
- プログラミング教育用の教材として数学を活用することで、これまで数学の学習に費やしてきた膨大な時間を無駄にせずに済む。
- 数学はすでに学習済なので、ある程度高度な内容を初期段階から取り扱うことができる。

デメリット

- 数学の問題が解けても自慢にはならない時代が到来したことが明らかになる。

ただし、このデメリットは数学やコンピュータの得意な人や知的好奇心が旺盛な人にとってはメリットになる可能性があります。

たとえば、将来数学の専門家になりたいと考えている人は、受験の範囲に留まって時間を浪費するのではなく、本書で紹介されている方法を積極的に活用して早く最先端に到達すべく努力する方がいいでしょう。

また、コンピュータを高度に操作できる人なら、数学の問題には受験を成立させるための高度なノウハウが組み込まれているという側面にも気づいていただけるかもしれません。

「数学は役に立たない」とよく言われますが、そのような一般的な認識を超えて、現実的な問題解決手段としての側面が見直される機会となる可能性もあります。

私もこの辺りには期待しているので、もし面白い発見などありましたら紹介していきたいと考えています。

1-5 本書の読み方

■出題形式について

例題や練習の出題形式について、本書では途中計算から厳密解の導出まで一貫してコンピュータで処理するので、本来なら紙と鉛筆は必要ありません。

ですが、一応、(手計算で解ける問題については)手計算で解いたものをコンピュータで検証するという形式にして出題しています。

これは教育的配慮によるものなので、状況に応じて手計算で解く部分を省略するなどの措置をとっていただければと思います。

■【使う要素】について

各章の例題の下にある【使う要素】の欄では、その問題を解く際に用いたMaximaの関数の機能や変数の役割について簡単に説明をしています。

例題において初回から数回程度登場する間で基本的な用途を説明し、その後は別用途で使う場合など著者が別途解説を要すると判断した場合に再登場します。

初心者の方は、これらを参考にしながら解いてみるといいでしょう。

また、本書は、中学生や高校生が使うことを想定しているので、専門用語の定義や意味について必要以上に難解にならないように配慮しています。

そのため、専門家から見て不正確な表現になっている箇所があることをご承知ください。

■自作関数について

本書では「作業の効率化」「既存システムの機能拡張」「結果の信頼性向上」という情報化の本来の目的をターゲットとし、比較的簡単な自作関数をプログラムすることでそれに対処できるよう課題を設定しています。

また、本書で紹介している自作関数は、数学的な処理の部分が隠れてしまわないよう、数学とあまり関係のない機能については省略してあります。

例外処理などの機能についても、一部を除き考慮されていないので、それを土台により実践的なものに改良していただきたいと考えています。

自作関数の名前について、本書ではMaximaのビルトイン関数と区別するために大文字から始めています。

これは、Maximaのビルトイン関数が小文字から始まることを逆利用したものです。

第2章

Maximaのインストール

数式処理ソフトウェア Maxima の Windows、Mac OS X、Androidの各オペレーティングシステムへのインストールについて、「バージョン5.43.0」を例に解説します。

2-1 Windows へのインストール

ここでは、Windows 10 を例に、Maxima 5.43.0 のインストールを行ないます。

管理者権限をもつアカウントでログインし、作業を実施してください。

■Maxima for Windows のインストール

次のサイトから、Maximaをダウンロードします。

使用中のパソコンが 64 bitの場合には maxima-clisp-sbcl-5.43.0-win64.exe を、32bitの場合には maxima-clisp-sbcl-5.43.0-win32.exe をダウンロードしてください。

https://sourceforge.net/projects/maxima/files/Maxima-Windows/5.43.0-Windows/

※ここでは、64bit版を例に解説を進めていきます。

手 順

[1] ダウンロードした maxima-clisp-sbcl-5.43.0-win64.exe のアイコン（図2-1）をダブルクリックします。

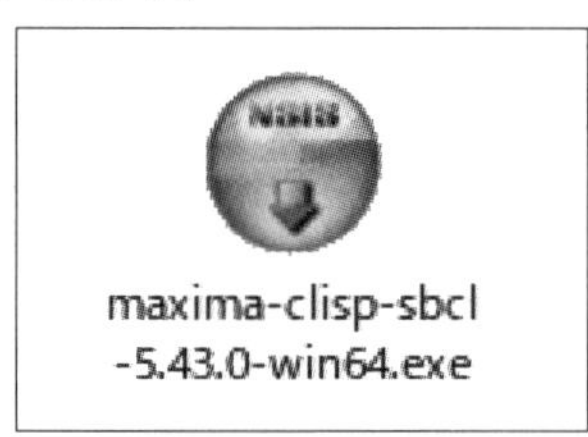

図2-1　maxima-5.43.0のアイコン

[2] すると、「セキュリティの警告」の画面が表示されるので、問題がないようなら「実行」をクリックします。

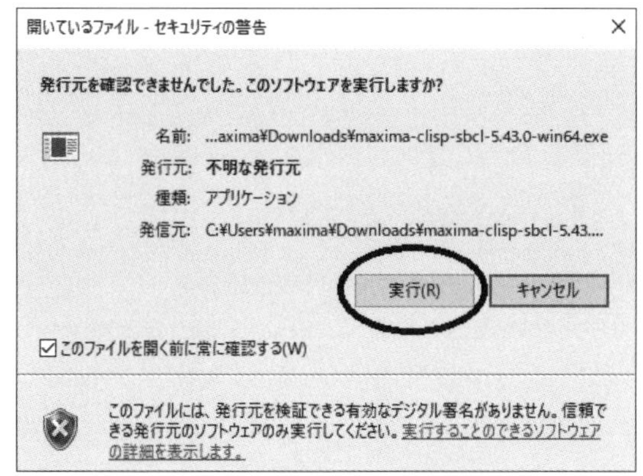

図2-2　「セキュリティの警告」の画面

[3]「セットアップウィザードへようこそ」の画面が表示されます。

「次に進む前に、他のすべてのアプリケーションを停止してください」と書かれているので、Maxima インストーラ以外のアプリケーションを停止させた後で「次へ」をクリックします。

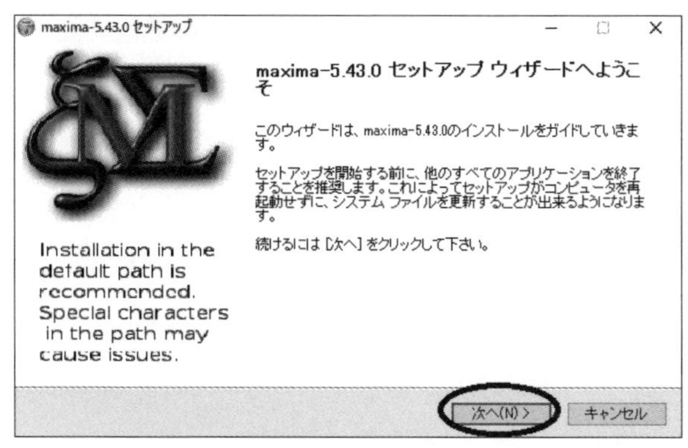

図2-3 「セットアップへようこそ」の画面

[4] ライセンス契約書の画面が表示されます。
契約に同意する場合には「同意する」をクリックします。

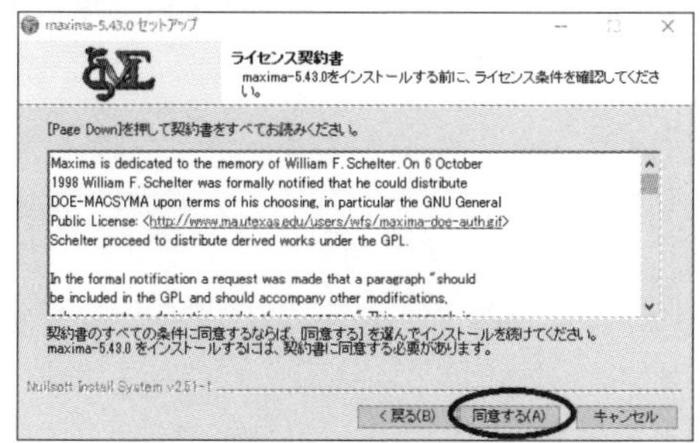

図2-4 ライセンス契約書の画面

[5] インストール先を選ぶ画面が表示されます。このままでよい場合には、何も変更せず「次へ」をクリックします。

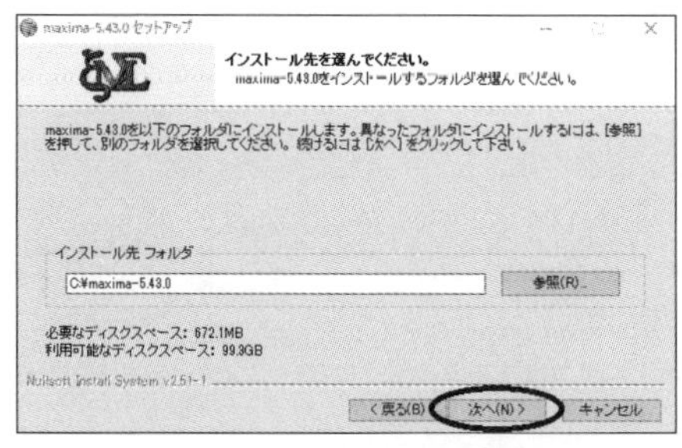

図2-5 インストール先を選ぶ画面

[6]スタートメニューの中に作成するフォルダの名前を設定します。
このままでいい場合は、何も変更せず「次へ」をクリックします。

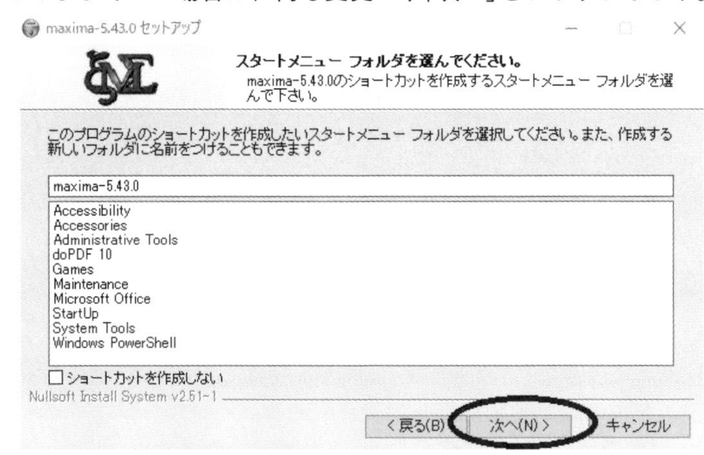

図2-6 スタートメニューの中に作成するフォルダの名前を設定する画面

[7]インストールするコンポーネントを選択する画面が表示されます。
「インストールするコンポーネントを選択」の箇所については、よく分からなければ全てにチェックを入れておいてください。
選択を終えたら、「インストール」をクリックします。

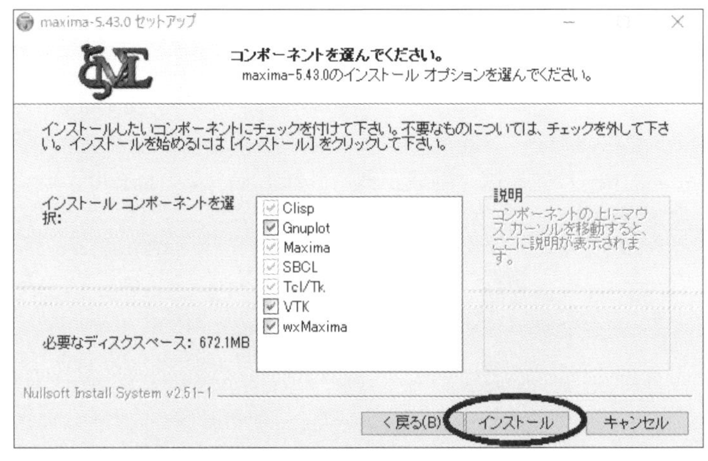

図2-7 インストールするコンポーネントを選択する画面

[8] インストール中は、**図2-8**のようにプログレスバーがゆっくり右に動いていきます。

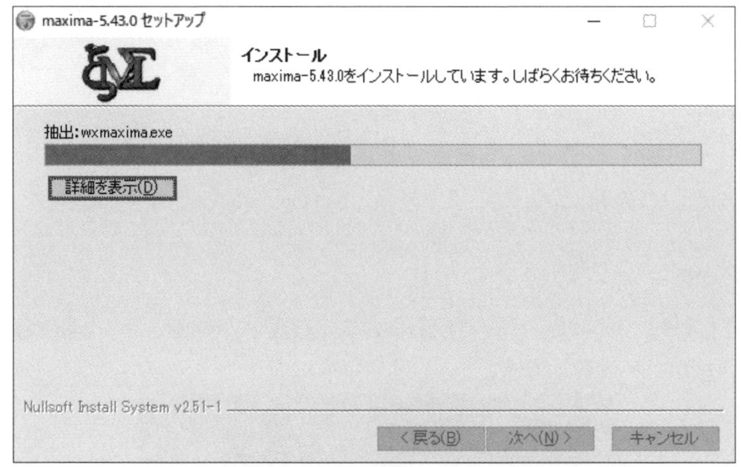

図2-8　インストール中の画面

[9] しばらくすると、インストール完了の画面が表示されます。「完了」をクリックすると、ウィザードが終了します。

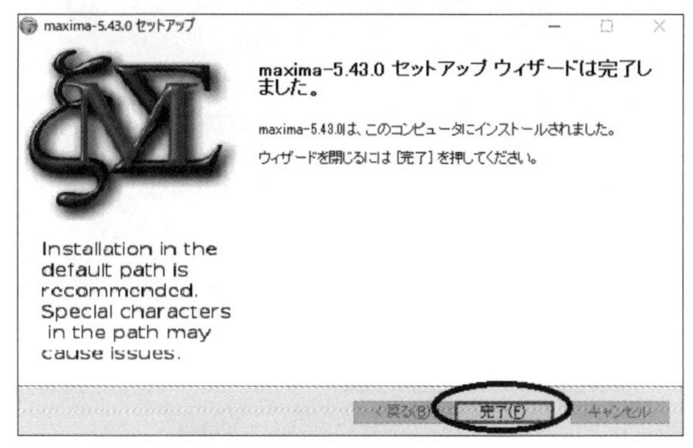

図2-9　インストール完了の画面

これで、インストール作業は終了です。

■Maxima for Windows の動作検証

簡単な例題を用いて、インストールしたMaximaの動作検証を行ないます。引き続き、管理者権限のあるアカウントで作業を実施してください。

【例題】

(1) 2 次方程式 $x^2-3x+2=0$ の解を求めなさい。
(2) $-3 \leqq x \leqq 3$の範囲において、2次関数 $f(x)=x^2-4$のグラフを作成しなさい。

手 順

[1]「スタートメニュー」→「Maxima-5.43.0」→「XMaxima」の順に選択し、XMaxima を起動します。

図2-10 スタートメニューの画面

[2] すると、「Windows セキュリティの重要な警告」の画面になるので、「アクセスを許可する」をクリックします。

これは初回起動時のみ表示されるものなので、2 回目以降は表示されません。

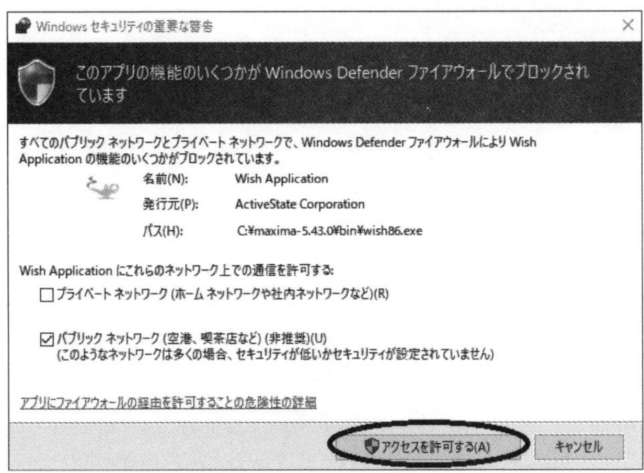

図2-11　「Windowsセキュリティの重要な警告」の画面

[3] 次のような 2 つの画面が表示されます。

図 2-12 が「Xmaxima ブラウザ」、図 2-13 が「Xmaxima コンソール」の画面になります。

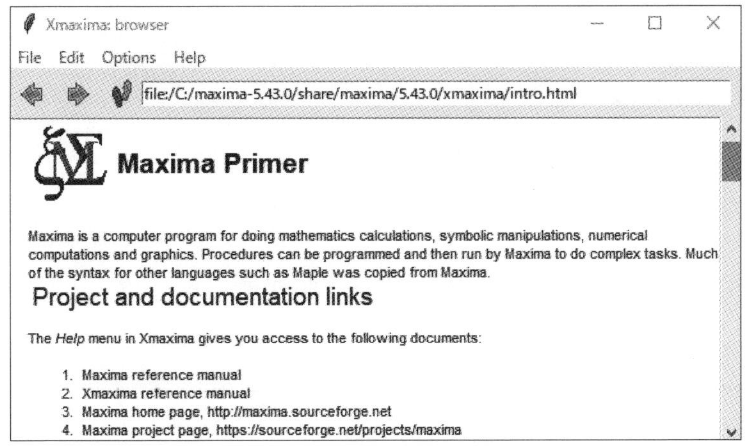

図2-12　「Xmaxima ブラウザ」の画面

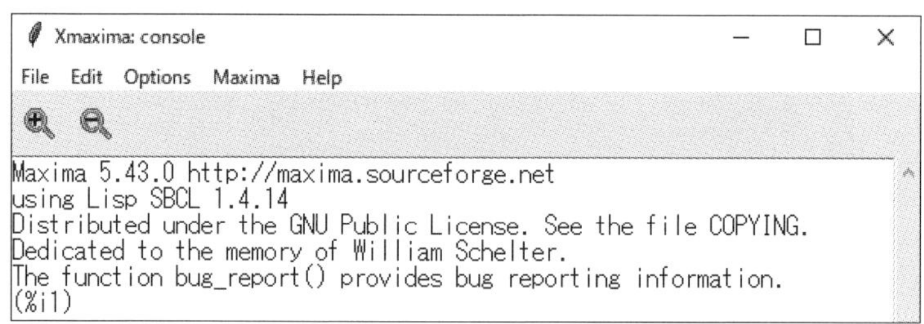
Maxima 5.43.0 http://maxima.sourceforge.net
using Lisp SBCL 1.4.14
Distributed under the GNU Public License. See the file COPYING.
Dedicated to the memory of William Schelter.
The function bug_report() provides bug reporting information.
(%i1)

図2-13 「Xmaxima コンソール」の画面

「Xmaxima ブラウザ」の画面に「Maxima Primer」と表示されていますが、これは「Maxima 入門」という意味です。

そこでは、Help メニューからのドキュメントへのアクセス方法や簡単な例題など、基本的な事柄について紹介されています。

もう1つの画面は「Xmaxima コンソール」で、実際の計算はここで行ないます。

それでは、【例題】(1)の2次方程式を解いてみましょう。

手 順

[1] 「Xmaxima コンソール」の画面で、入力行のプロンプト (%i1) に続いて、次のように入力します。

```
(%i1) solve(x^2-3*x+2=0,x);
```

「;」(セミコロン)まで入力したら、最後に「Enter」キーを押してください。

Maxima 5.43.0 http://maxima.sourceforge.net
using Lisp SBCL 1.4.14
Distributed under the GNU Public License. See the file COPYING.
Dedicated to the memory of William Schelter.
The function bug_report() provides bug reporting information.
(%i1) solve(x^2-3*x+2=0,x);

図2-14 「Xmaximaコンソール」への式入力(1)

[2] すると、次のように表示されます。

```
(%o1)        [x = 1, x = 2]
```

これで、答えは「$x=1$、$x=2$」と分かります。

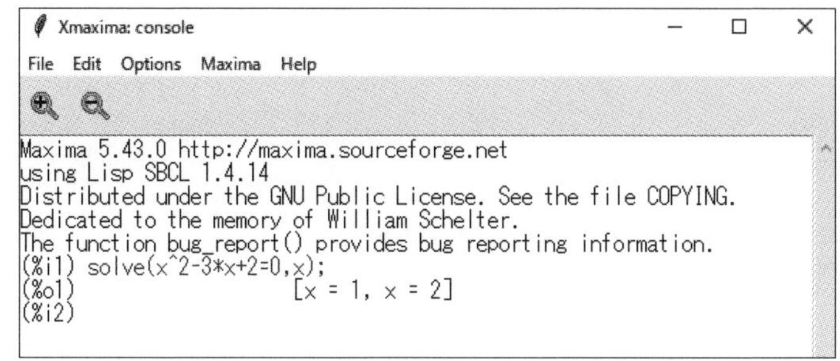

図2-15 「Xmaxima コンソール」の解答出力

[3] 次に、例題 (2) の $-3 \leqq x \leqq 3$ における $f(x)=x^2-4$ のグラフを作ります。

「XMaxima コンソール」の画面で、入力行のプロンプト「(%i2)」に続いて次のように入力してください。

```
(%i2) plot2d(x^2-4,[x,-3,3]);
```

「；」(セミコロン) まで入力したら、最後に「Enter」キーを押してください。

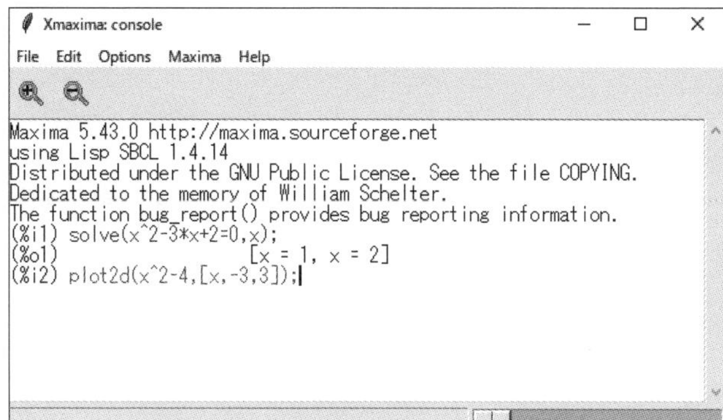

図2-16 「Xmaxima コンソール」への式入力 (2)

[4] 図 2-17 のようなグラフが表示されれば成功です。

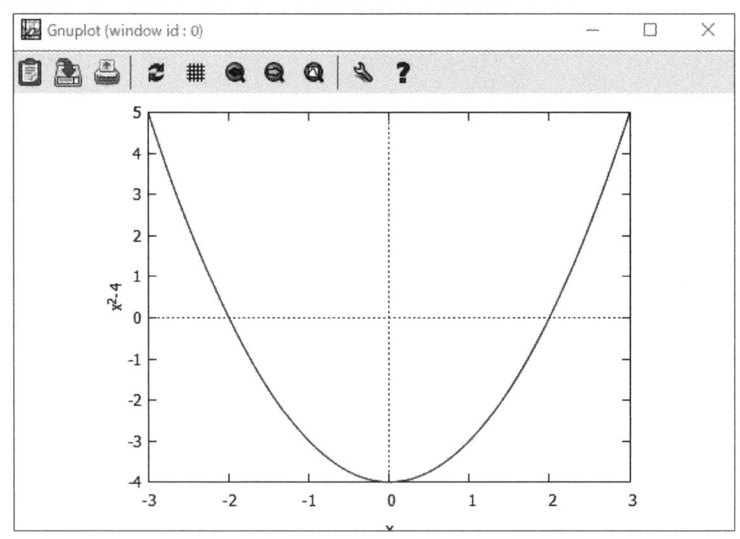

図2-17　放物線のグラフ

問題を解き終えたので、ここからは終了の手順について解説をしていきます。

[5] まず最初に、グラフを消去したいと思います。右上にある「×」をクリックすると、グラフが消えます。

すると、「Xmaxima コンソール」に入力プロンプト (%i3) が表示され、入力可能な状態に戻ります。

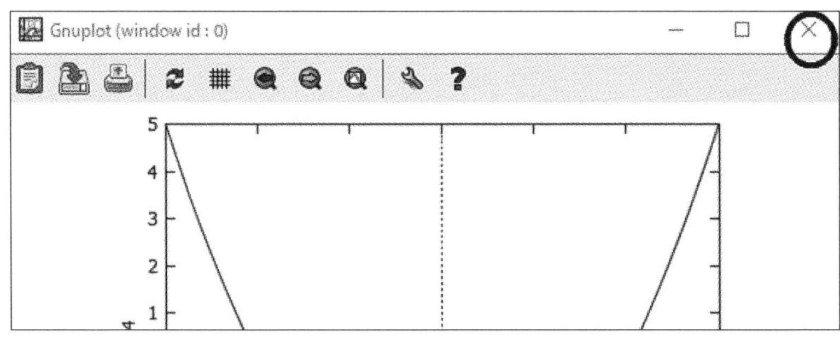

図2-18　グラフのウィンドウを閉じる

[6] 次に、「Xmaxima コンソール」を閉じます。

左上にある「File」メニュー →「Exit」の順に選択する、または、右上にある「×」をクリックすると「Xmaxima コンソール」と「Maxima Primer」の両方の画面が消えます。

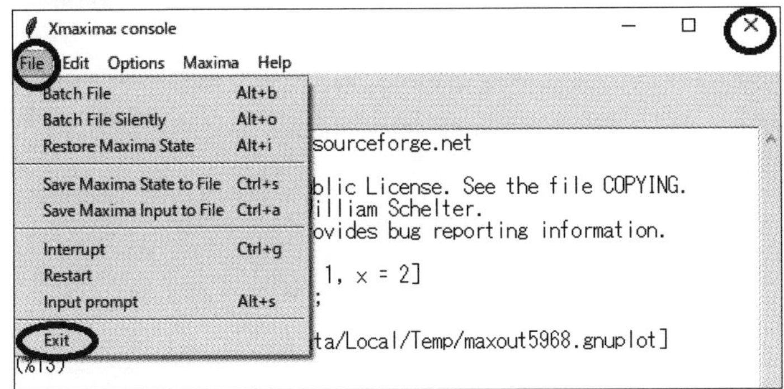

図2-19 「Xmaxima コンソール」を閉じる

これで動作検証は終了です。

2-2 Max OS X へのインストール

ここでは、Mac OS 10.13 High Sierra を例に、Maxima 5.43.0 のインストールを行ないます。

管理者権限をもつアカウントでログインし、作業を実施してください。

■Maxima for Mac OS X のインストール

次のサイトから Maxima-5.43.0-VTK-macOS.dmg をダウンロードしてください。

https://sourceforge.net/projects/maxima/files/Maxima-MacOS/5.43.0-MacOSX/

手 順

[1] ダウンロードした「Maxima-5.43.0-VTK-macOS」のアイコン（**図2-20**）をダブルクリックします。

図2-20　Maxima-5.43.0-VTK-macOSのアイコン

[2] すると、デスクトップに「Maxima」のディスクイメージがマウントされます。

図2-21　Maxima-5.43.0のディスクイメージ

[3] ディスクイメージをダブルクリックすると、**図2-22** のように中身が表示されます。

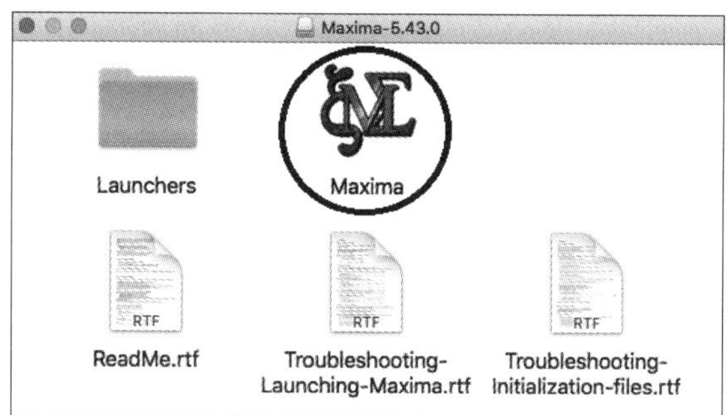

図2-22　ディスクイメージの内容

[4] まず、最初に、Maxima アプリの本体をアプリケーションフォルダにインストールします。

「Finder」で メニューバーにある「移動」をクリックし、その中から「アプリケーション」を選択すると、アプリケーションフォルダの中身が表示されます。

図2-23　アプリケーションフォルダを開く

[5] ディスクイメージの中にある Maxima のアイコンを、アプリケーションフォルダにドラッグ&ドロップすると、Maxima のアプリケーションのインストールが開始されます。

図2-24　Maxima アイコンのドラッグ& ドロップ

[6] 数秒～十数秒待つと、図2-25のような表示になります。

これで、Maxima アプリの本体のインストールは終了です。

図2-25　Maxima 本体のインストール完了

[7] 次に、ディスクイメージの中にある Launchers フォルダを自分が使いやすい場所にコピーします。

このフォルダにはアプリを起動するためのプログラム(ランチャ)が入っており、通常はそれをダブルクリックしてMaximaを起動します。

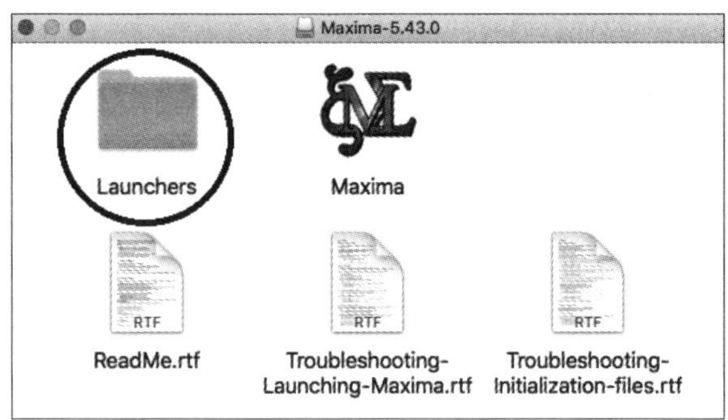

図2-26　Launchersフォルダのアイコン

[8] コピーした Launchers フォルダをダブルクリックして開くと、図2-27のように中身が表示されます。

「Xmaxima アイコン」の上でマウスの右ボタンを押す、または、「control」キーを押しながらマウスをクリックします。

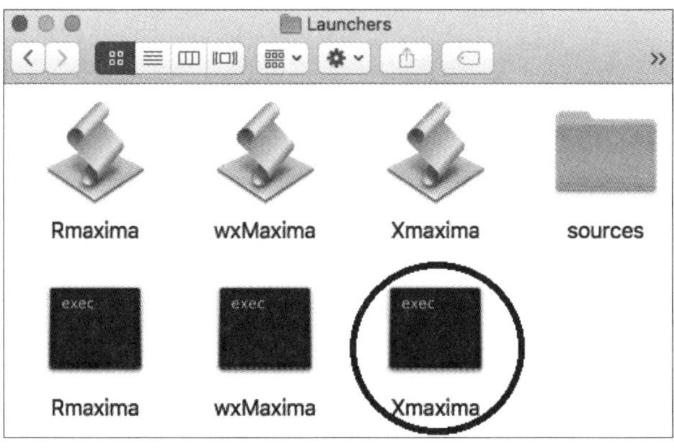

図2-27　Xmaximaアイコン

※この操作はMacOS のGatekeeperの機能を回避し、指定したアプリケーションをセキュリティの例外として扱うためのものです。2回目以降は普通にダブルクリックで開くことができます。

[9] すると、図 2-28 のようにコンテキストメニューが表示されます。一番上に「開く」があるので、それをマウスでクリックします。

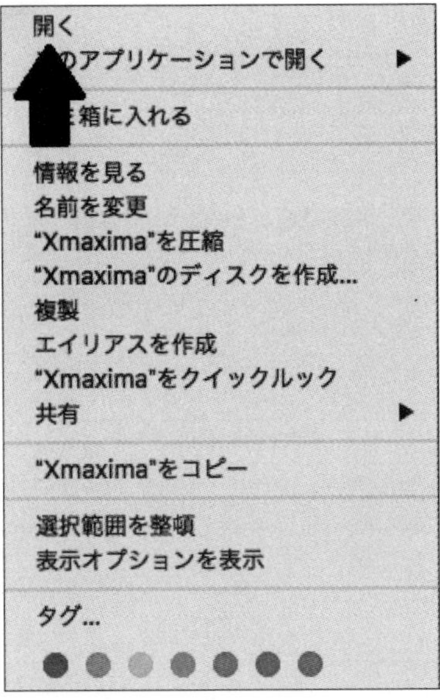

図2-28　コンテキストメニュー

[10] 図2-29 のように「Xmaxima」の開発元未確認の画面が表示されたら、「開く」をマウスでクリックします。

図2-29　「Xmaxima」の開発元未確認の画面

[11] すると、3つの画面が開きます。

ターミナルの画面です。Xmaximaの使用中は、このウィンドウを消さずに残しておく必要があります。

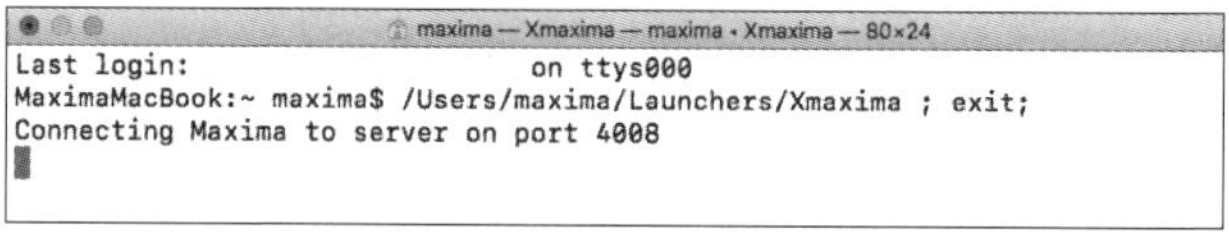

```
maxima — Xmaxima — maxima ◂ Xmaxima — 80×24
Last login:                    on ttys000
MaximaMacBook:~ maxima$ /Users/maxima/Launchers/Xmaxima ; exit;
Connecting Maxima to server on port 4008
```

図2-30　ターミナルの画面

「Xmaxima コンソール」の画面です。この画面で計算を行ないます。

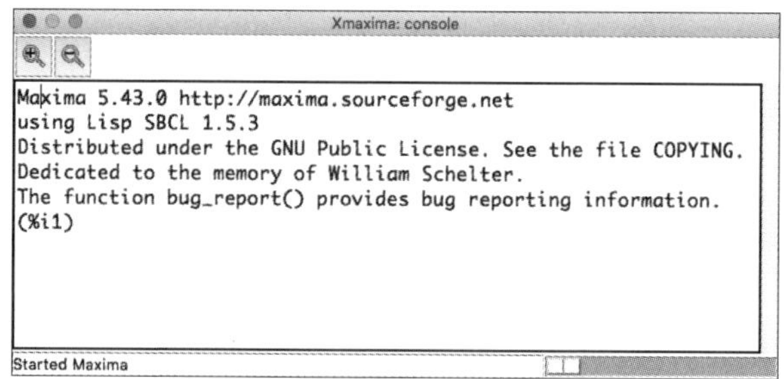

図2-31　「XMaximaコンソール」の画面

「Maxima Primer」(Maxima入門)の画面です。ここでは、Help メニューからのドキュメントへのアクセス方法や簡単な例題など、基本的な事柄について紹介されています。

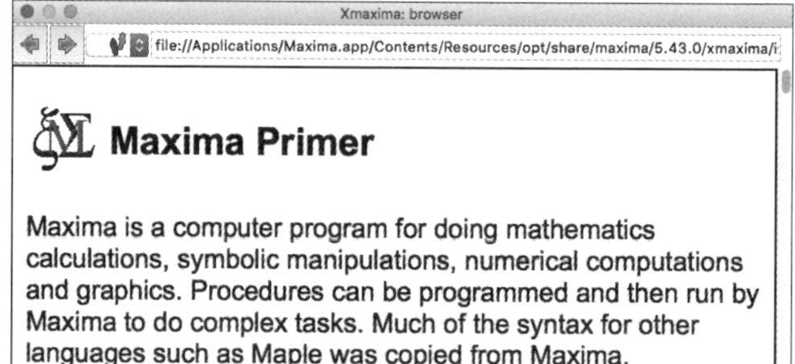

図2-32　「Maxima Primer」の画面

これで、インストール作業は終了です。

■Maxima for Mac OS X の動作検証

簡単な例題を用いて、インストールした Maxima の動作検証を行ないます。引き続き、管理者権限のあるアカウントで作業を続けてください。

【例題】

(1) 2 次方程式 $x^2-3x+2=0$ の解を求めなさい。 (2) $-3 \leqq x \leqq 3$の範囲において、2次関数 $f(x)=x^2-4$のグラフを作りなさい。

それでは、**【例題】**(1) の 2 次方程式を解いてみます。

手　順

[1]「Xmaxima コンソール」の画面で、入力プロンプト (%i1) に続いて次のように入力してください。

```
(%i1) solve(x^2-3*x+2=0,x);
```

「;」(セミコロン) まで正確に入力したら、最後に「Enter」キーを押してください。すると、次のように表示されます。

```
(%o1)           [x = 1, x = 2]
```

これで、答えは「$x=1$、$x=2$」と分かります。

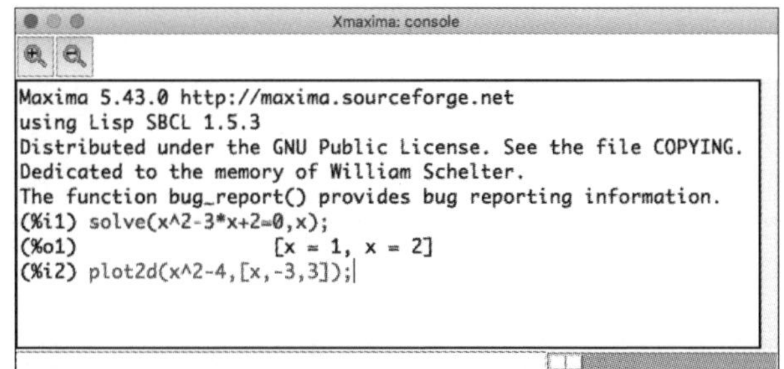

図2-33　「Xmaximaコンソール」への式入力と計算結果出力の画面

[2] 次に、例題 (2) の $-3 \leqq x \leqq 3$ における $f(x)=x^2-4$ のグラフを作ります。

「Xmaxima コンソール」の画面で、入力プロンプト(%i2)に続いて次のように入力してください。

```
(%i2) plot2d(x^2-4,[x,-3,3]);
```

[3]「;」(セミコロン)まで正確に入力したら、最後に「Enter」キーを押します。

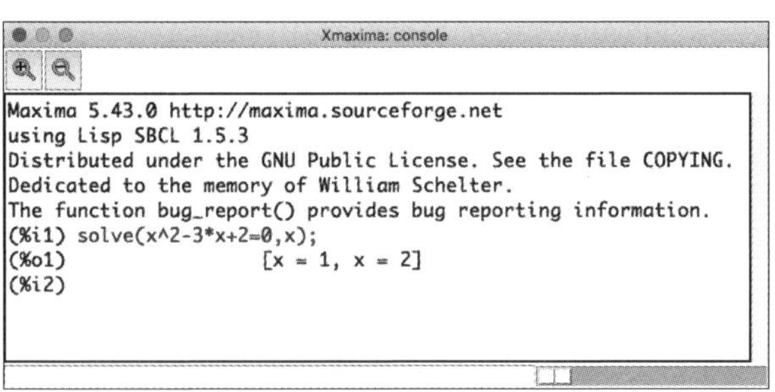

```
Maxima 5.43.0 http://maxima.sourceforge.net
using Lisp SBCL 1.5.3
Distributed under the GNU Public License. See the file COPYING.
Dedicated to the memory of William Schelter.
The function bug_report() provides bug reporting information.
(%i1) solve(x^2-3*x+2=0,x);
(%o1)                 [x = 1, x = 2]
(%i2)
```

図2-34 「Xmaximaコンソール」への式入力

[4] 図 2-35 のような「AquaTerm」の開発元確認の画面が表示された場合には、「OK」をクリックします。

「OK」を押しても何も変化が起きませんが、それで問題はありません。

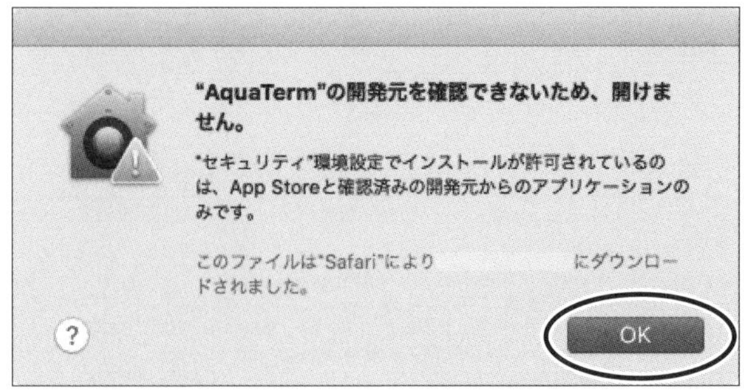

図2-35 「AquaTerm」の開発元確認の画面

[5]「アップル」メニュー →「システム環境設定」→「セキュリティとプライバシー」→「一般」タブを選ぶと、**図2-36**のような画面が表示されます。

下の方に「AquaTerm の開発元を確認できないため、開けませんでした」という項目があり、その右に「このまま開く」のボタンがあるので、それをクリックします。

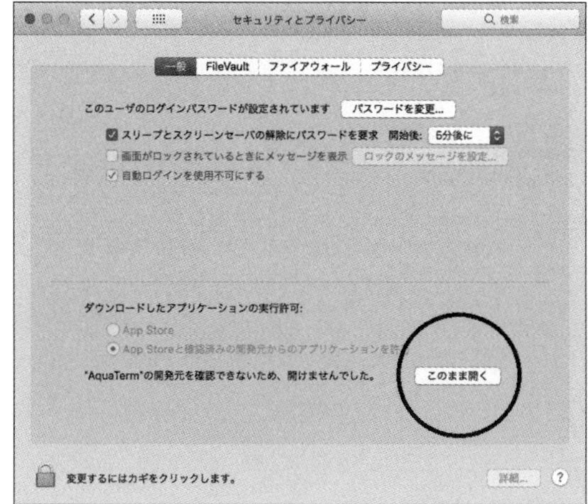

図2-36 「セキュリティとプライバシー」から「一般」タブを選んだ画面

[6] 図 2-37 のように再度「AquaTerm開発元確認」の画面が表示された場合には、今度は「開く」のボタンがあるはずなので、それをクリックしてください。

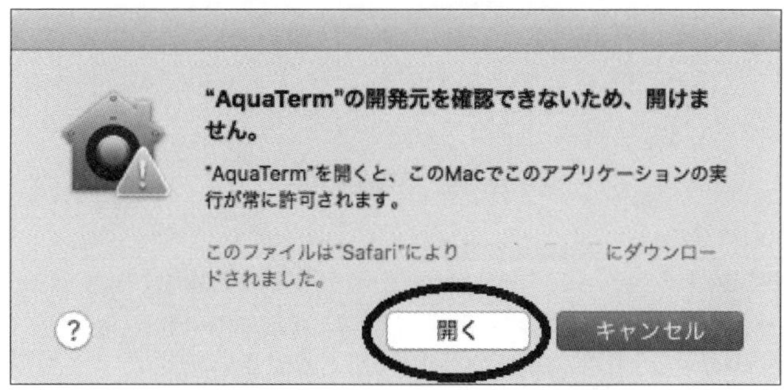

図2-37 「AquaTermの開発元確認」の画面

[7] 再度、「Xmaxima コンソール」の画面で、入力プロンプト (%i3) に続いて次のように入力します。「Edit」メニューから「Previous Input」を選択し入力を補完することも可能です。

```
(%i3) plot2d(x^2-4,[x,-3,3]);
```

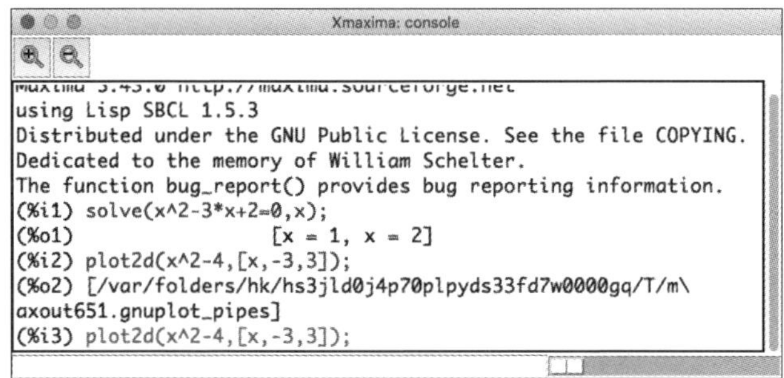

図2-38 「Xmaximaコンソール」への式入力

[8] すると、図 2-39 のような放物線のグラフが表示されます。

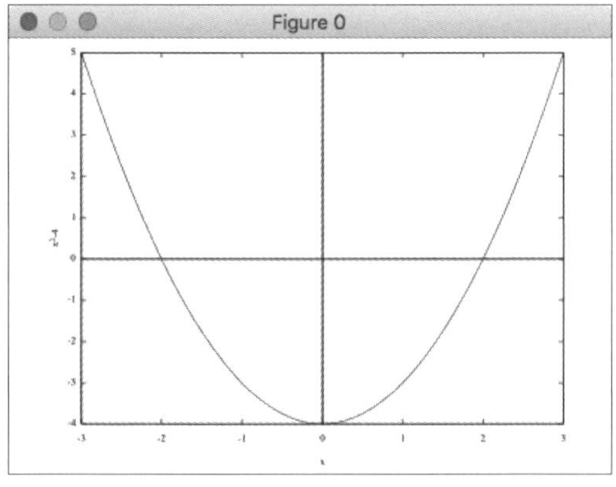

図2-39　放物線のグラフ

> ※過去に古いバージョンの Maxima を使用していた場合には、gnuplot が起動しない可能性があります。その場合には、maxima-init.mac ファイルにある gnuplot のコマンドパスの設定を無効にしてください。

問題を解き終えたので、ここからは終了の手順について解説をしていきます。

[9] まずは、グラフを閉じます。

「AquaTerm」メニュー →「Quit AquaTerm」の順に選択します。

> ※今回は終了の手順を示すのが目的なので「AquaTerm」を停止させますが、頻繁にグラフを作成する場合には左上の赤丸をクリックしてもいいでしょう。
> 　すると、「gnuplot」のグラフが消える一方で「AquaTerm」は残ることになるので、次回からグラフが素早く表示されるようになります。

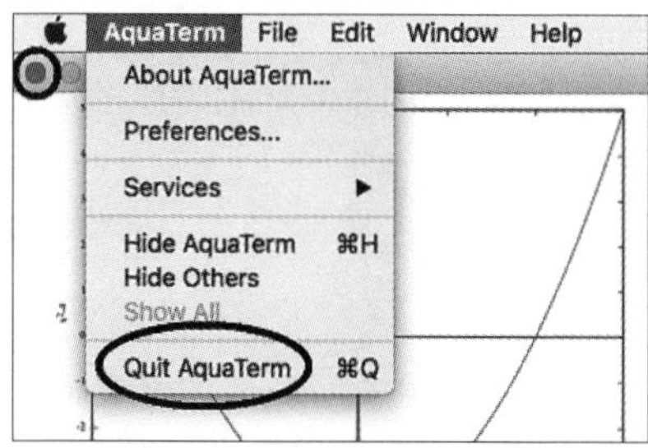

図2-40　グラフのウィンドウを閉じる

[10] すると、「AquaTerm」の停止を確認する画面が表示されるので、「Quit」をクリックします。

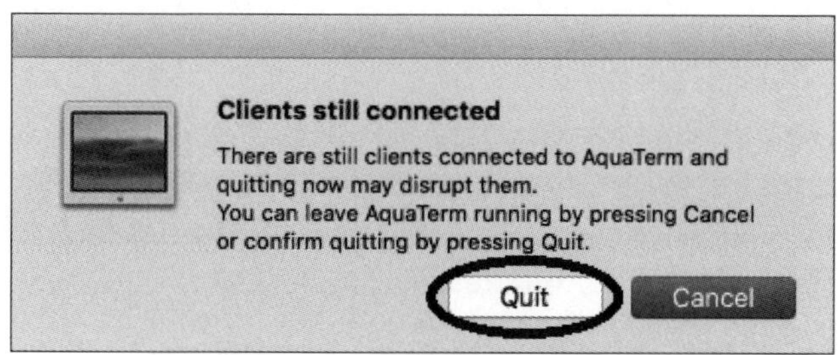

図2-41　「AquaTerm」停止確認の画面

[11] 次に、「Xmaxima コンソール」を閉じます。「Xmaxima コンソール」のウィンドウをアクティブにして、「Wish」メニュー →「Quit Wish」の順に選択、または、左上の赤丸をクリックします。

すると、「Xmaxima コンソール」と「Maxima Primer」の両方の画面が消えます。

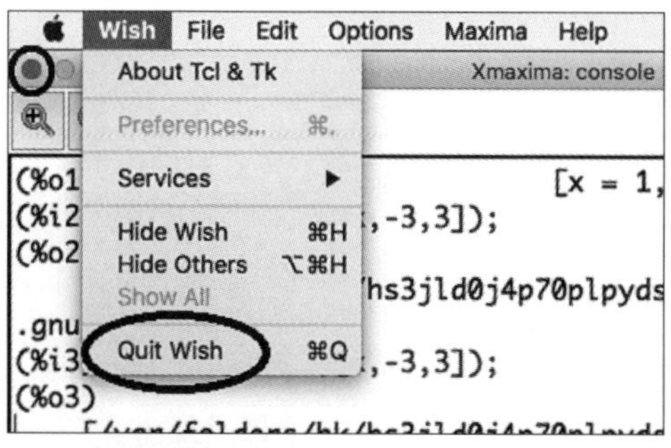

図2-42　「Xmaxima コンソール」を閉じる

[12] 最後に、「maxima」のターミナルを閉じます。

左上の赤丸をクリックすると「maxima」のウィンドウが消えます。

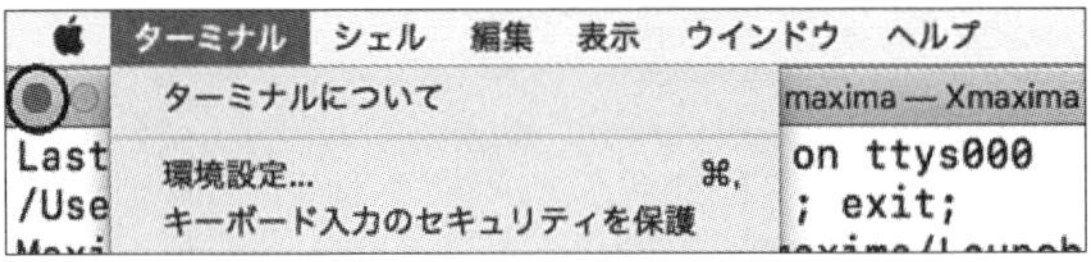

図2-43 「maxima」のターミナルを閉じる

> ※「ターミナル」メニュー →「ターミナルを終了」の順に選択して終了した場合には、「maxima」と関係のないターミナルを含めたすべてのターミナルの画面が消えることになります。

これで、動作検証は終了です。

2-3 Android へのインストール

Yasuaki Honda 氏による Android 版の Maxima が Google Play ストアで公開されているので、今回はそれを使います。

Android端末ならスマートフォンとタブレットのどちらでも動作します。

ここではAndroid 11 が搭載されたスマートフォン Google Pixel 3aを例にインストールを行ないます。

> ※常に最新版がインストールされます。バージョンを指定することはできません。

■Maxima on Android (MoA) のインストール

手 順

[1] ホーム画面に Google Play ストアのアイコンがある場合には、それをタップしてください。アイコンがない場合には、ドロワーアイコンをタップし、表示されたアプリ一覧の中から検索してください。

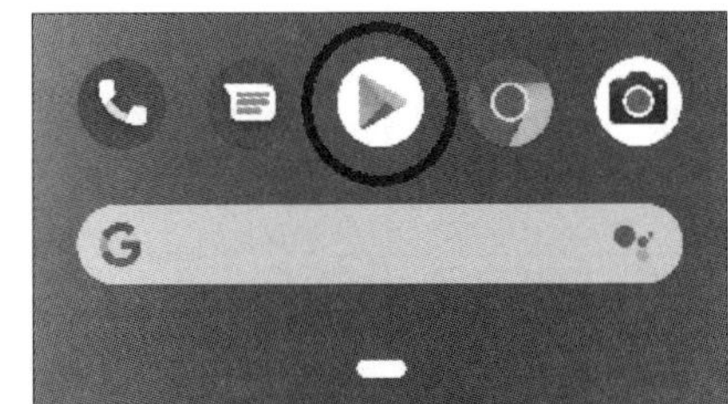

図2-44 Google Play ストアのアイコン

[2] すると、Google Play ストアの画面が表示されます。

図2-45　Google Play ストアの画面

[3]「Maxima on Andoroid」を検索します。上部の検索窓に maxima と入力すると、図2-46 のように候補の中に「maxima on android」が表示されるので、それをタップします。

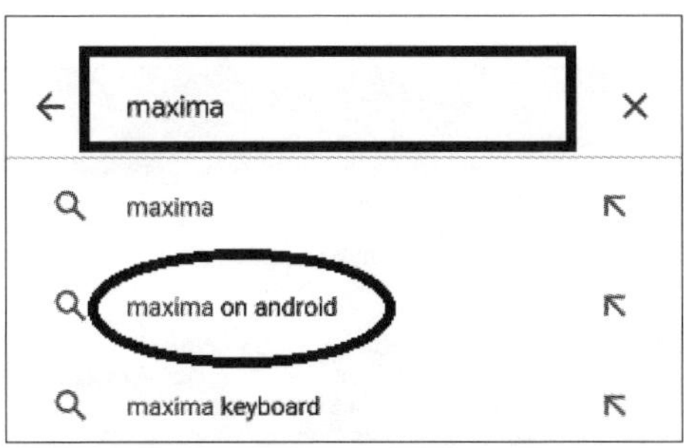

図2-46　maxima on androidの検索

[4]「インストール」ボタンをタップすると、インストールを開始します。

図2-47　インストールの画面

[5] 回線速度にもよりますが、数秒～数十秒程度でダウンロードは終了します。

「開く」のボタンが表示されるので、それをタップします。

図2-48　インストール終了の画面

[6] 数秒程度待つと、図2-49 のように「Maxima on Android」(MoA) が起動します。

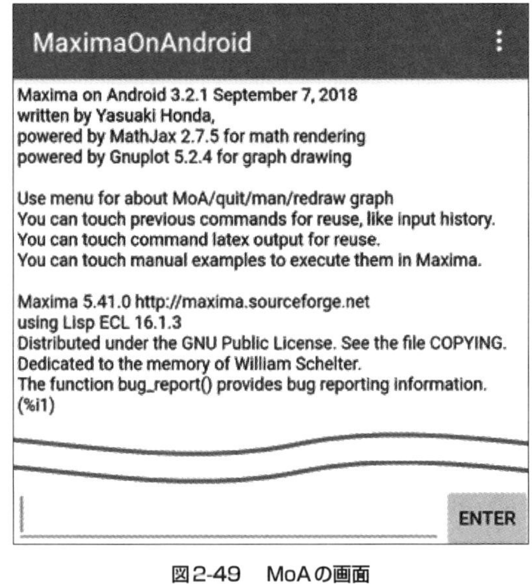

図2-49　MoAの画面

これで、インストール作業は終了です。

■Maxima on Android (MoA) の動作検証

簡単な例題を用いて、インストールした MoA の動作検証をします。

【例題】

(1) 2 次方程式 $x^2-3x+2=0$ の解を求めなさい。
(2) $-3 \leqq x \leqq 3$ の範囲において、2 次関数 $f(x)=x^2-4$ のグラフを作りなさい。

手 順

[1] 画面下部の入力窓をタップします。

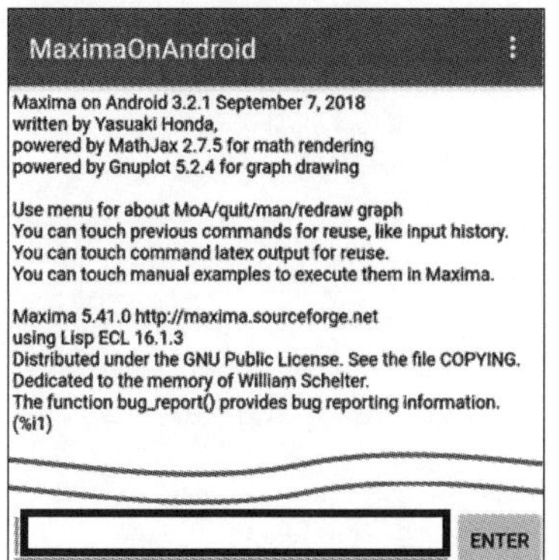

図2-50 入力窓

[2] すると、画面の下方にキーボードが表示されます。

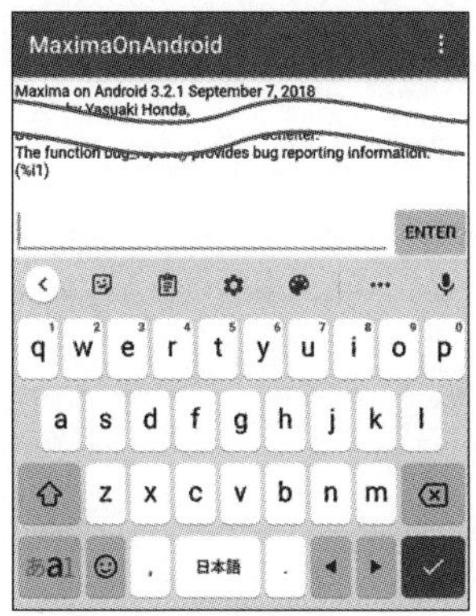

図2-51 入力窓とキーボード

それでは、**例題 (1)** の 2 次方程式を解いてみましょう。

[3] 入力窓に次のように入力します。

```
solve(x^2-3*x+2=0,x);
```

「;」(セミコロン) まで正確に入力したら、最後に「Enter」ボタンをタップします。

図2-52　2次方程式の計算

[2] すると、次のように表示されます。

```
[x = 1, x = 2]
```

これで、答えは「$x=1$、$x=2$」と分かります。

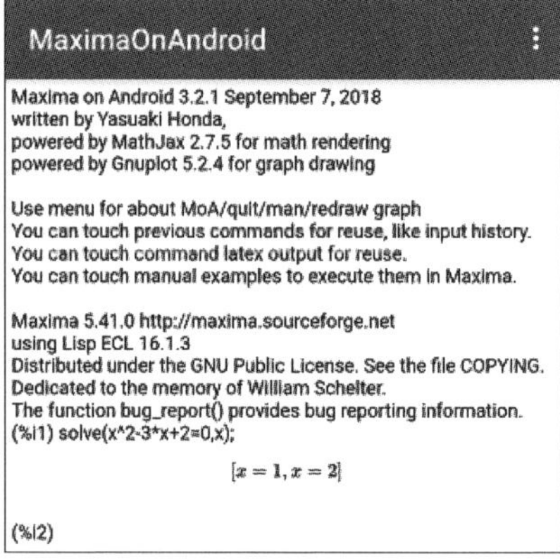

図2-53　2次方程式の計算結果

次に、**【例題】**(2) の 2 次関数のグラフを描いてみましょう。

[3] 入力窓に、次のように入力します。

```
plot2d(x^2-4,[x,-3,3]);
```

「;」(セミコロン) まで正確に入力したら、最後に「Enter」ボタンをタップします。

図2-54　グラフ作成

[4] 図2-55 のような放物線のグラフが表示されます。

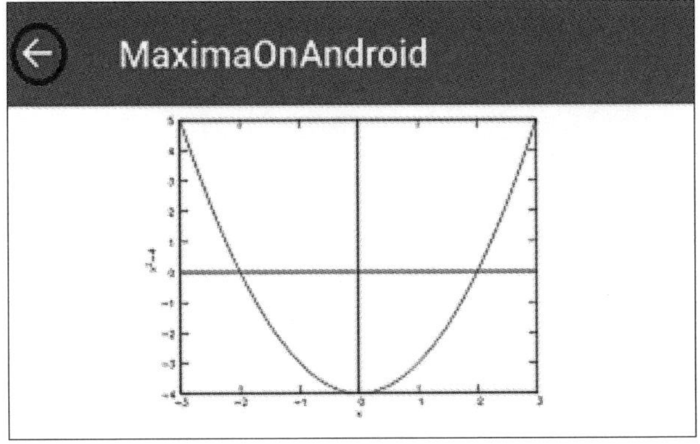

図2-55　放物線のグラフ

[5] 左上の「←」をタップすると、**図 2-56** のように元の画面に戻ります。
MoA を終了するには、右上の「縦に並んだ3点」のメニューをタップします。

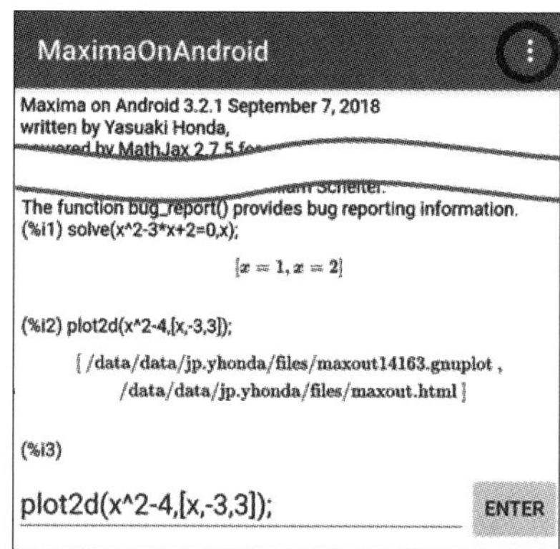

図2-56 縦に並んだ3点

[6] すると、**図 2-57** のようにプルダウンメニューが表示されます。
その中に「Quit」があるので、それをタップすると MoA が終了します。

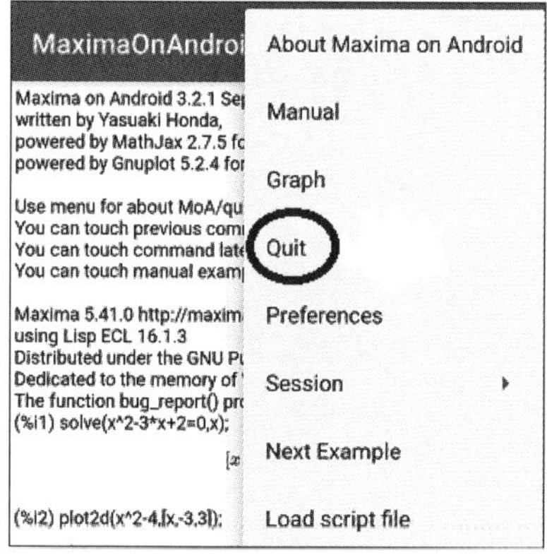

図2-57 プルダウンメニュー

これで、動作検証は終了です。

■Maxima Keyboard のインストール（オプション）

キー操作に不満を感じている方は、Maxima専用のキーボードが公開されているので、試してみてはいかがでしょうか。

このキーボードをインストールしなくても、Maxima の動作に影響はありません。

手　順

[1] Google Play ストアを開き、今度は「Maxima Keyboard」を検索します。上部の検索窓に maxima と入力すると、図2-58 のように候補の中に「maxima keyboard」が表示されるので、それをタップします。

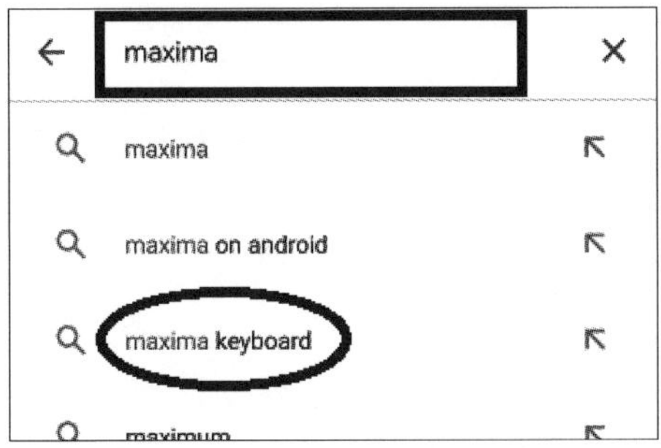

図2-58　maxima keyboardを検索

[2]「インストール」ボタンが表示されるので、それをタップすると、インストールが開始されます。回線の速度にもよりますが、数秒程度でインストールが終了しますので、終了したら Google Play ストアを閉じます。

図2-59　インストールの画面

[3] ホーム画面に「設定」のアイコンがある場合にはそこから、アイコンがない場合にはドロワーアイコンをタップし、表示されたアプリ一覧の中か

ら「設定」を検索してタップします。

そして、「システム」→「言語と入力」→「画面キーボード」の順にタップすると、図2-60 の画面になるので、「画面キーボードを管理」をタップします。

図2-60　画面キーボードの管理

「Maxima Keyboard」の右横にスイッチがあるので、タップして有効にします。

図2-61　キーボードの有効化

[4] 注意が出るので説明を読み、問題がなければ「OK」をタップします。

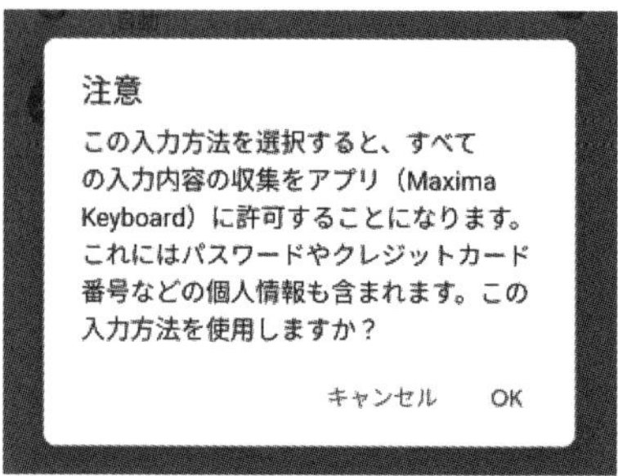

図2-62　注意の画面①

[5] さらに注意が出るので、説明を読んでから「OK」をタップします。
終了したら、「設定」の画面を閉じます。

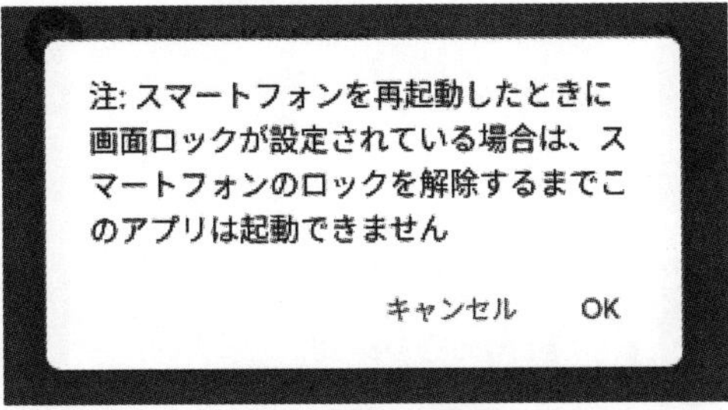

図2-63　注意の画面②

[6] ホーム画面に Maxima のアイコンがある場合には、それをタップします。
アイコンがない場合には、ドロワーアイコンをタップし、表示されたアプリ一覧の中か「Maxima on Android」を検索してください。

図2-64　Maximaのアイコン

[7] すると、MoA が開き、画面の下の方にキーボードが表示されます。
キーボード入力欄の右下にキーボードのマークがあるので、タップします。

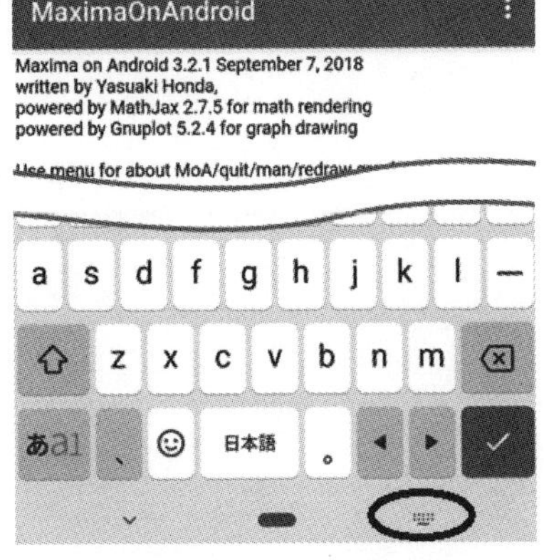

図2-65　キーボードのマーク

「Maxima Keyboard」の左横にあるラジオボタンをタップして、有効にします。

図2-66　キーボードの選択

[8] キーボードが「Maxima Keyboard」のレイアウトに切り替わります。
　元のレイアウトに戻す場合も同様に、右下にあるキーボードのマークから戻せます。

図2-67　「Maxima Keyboard」の画面

第3章

Maximaの基礎

この章では、Maximaの基礎について、例題の形にして出題します。

本書はMaximaの機能や関数などについては省略していますが、早期に学習しておく必要があるため、ここで扱う内容については、必ず習得してください。

3-1 算術演算子

下の**【使う要素】**を参考にしながら、次の ア ～ コ の中に適切な記号を選択肢から選んでください。そして、その結果を計算機で検証してみましょう。

```
(%i1) 6+2;
(%o1)                      8
(%i2) 6-2 ア
(%o2)                      4
(%i3) 6 イ 2 ウ
(%o3)                     12
(%i4) 6 エ 2 オ
(%o4)                      3
(%i5) 6 カ 2 キ
(%o5)                     36
(%i6) 6 ク 2 ケ 2 コ
(%o6)                     10
```

【選択肢(重複選択可)】

① +	② −	③ ×	④ ÷	⑤ *
⑥ /	⑦ \	⑧ ^	⑨ ;	⑩ =

【使う要素】

- \+　足し算で使用される記号
- \-　引き算で使用される記号
- ＊　掛け算で使用される記号（読みはアステリスク、アスタリスク）
- /　割り算で使用される記号（読みはスラッシュ）
- ^　累乗で使用される記号（読みはキャレット、ハット）
- ；　入力行の最後で使用される記号（読みはセミコロン）
- %iN　入力プロンプト（Nはラベル番号）
- %oN　出力プロンプト（Nはラベル番号）

■検証

まず、6+2=8の足し算を計算します。

```
(%i1) 6+2;
(%o1)                         8
```

続いて6−2=4の引き算を計算します。

ア は入力行の最後なので、「；」を入れます。

```
(%i2) 6-2;
(%o2)                         4
```

6×2=12の掛け算を計算します。

イ には掛け算の記号「＊」を入れます。

ウ は入力行の最後なので、「；」を入れます。

```
(%i3) 6*2;
(%o3)                        12
```

6÷2=3の割り算を計算します。

エ には割り算の記号「/」を入れます。オは入力行の最後なので、「；」を入れます。

```
(%i4) 6/2;
(%o4)                         3
```

$6^2=36$の計算をします。

カには累乗の「＾」を入れます。キは入力行の最後なので、「；」を入れます。

```
(%i5) 6^2;
(%o5)                          36
```

6×2−2＝10を計算します。
クには掛け算の記号「＊」を入れ、ケには引き算の記号「-」を入れます。
コは入力行の最後なので、「；」を入れます。

```
(%i6) 6*2-2;
(%o6)                          10
```

以上より、答えは次のようになります。

ア	イ	ウ	エ	オ	カ	キ	ク	ケ	コ
⑨	⑤	⑨	⑥	⑨	⑧	⑨	⑤	②	⑨

演習 1-1

次のア～キに入る適切な記号を選択肢から選び、結果を計算機で検証してみましょう。

```
(%i1) 3+3;
(%o1)                          6
(%i2) 3-3 ア
(%o2)                          0
(%i3) 3 イ 3 ウ
(%o3)                          9
(%i4) 3 エ 3 オ
(%o4)                          1
(%i5) 3 カ 3 キ
(%o5)                          27
```

【選択肢(重複選択可)】

① ＋	② −	③ ×	④ ÷	⑤ ＊
⑥ /	⑦ \	⑧ ∧	⑨ ；	⑩ ＝

演習 1-2

次の ア ～ ツ に入る適切な記号を選択肢から選び、結果を計算機で検証してみましょう。

```
(%i1) 1 + 2 + 3 ;
(%o1)                    6
(%i2) 1 [ア] 2 [イ] 3 [ウ]
(%o2)                    5
(%i3) 1 [エ] 2 [オ] 3 [カ]
(%o3)                  - 5
(%i4) 6 [キ] 2 [ク] 3 [ケ]
(%o4)                    6
(%i5) 8 [コ] 4 [サ] 2 [シ]
(%o5)                    1
(%i6) 2 [ス] 2 [セ] 3 [ソ]
(%o6)                   10
(%i7) 2 [タ] 2 [チ] 2 [ツ]
(%o7)                   16
```

【選択肢(重複選択可)】

① +	② -	③ ×	④ ÷	⑤ *
⑥ /	⑦ \	⑧ ∧	⑨ ;	⑩ =

■演習の解答

演習1-1	ア－9　イ－5　ウ－9　エ－6　オ－9　カ－8　キ－9
演習1-2	ア－5　イ－1　ウ－9　エ－2　オ－5　カ－9　キ－6　ク－1 ケ－9　コ－6　サ－6　シ－9　ス－1　セ－8　ソ－9　タ－8 チ－8　ツ－9

3-2 積の計算

下の【**使う要素**】を参考にしながら、次の ア ～ ツ に入る適切な記号を選択肢から選び、その結果を計算機で検証してみましょう。

```
(%i1) -2*x+3*(4-1)+x*3;
(%o1)                          x + 9
(%i2) a*2 [ア] 5 [イ] a;
(%o2)                           7 a
(%i3) x [ウ] 3 [エ] x [オ] 2 [カ] 2;
(%o3)                      x^2 + 3 x - 2
(%i4) expand((x+1)*(x+2)-x-5);
(%o4)                      x^2 + 2 x - 3
(%i5) expand(2 [キ ク] -3 [ケ] a [コ] 4 [サ] b));
(%o5)                        8 b - 6 a
(%i6) expand( [シ] 2 [ス] a [セ] b) [ソ] (3 [タ] c [チ] d [ツ] );
(%o6)              b d - 2 a d - 3 b c + 6 a c
```

【選択肢(重複選択可)】

① +	② -	③ ×	④ ÷	⑤ *	⑥ /
⑦ \	⑧ ∧	⑨ (	⑩)	⑪ ;	⑫ =

【使う要素】

・expand	式を展開する関数

■方針

ここでは、「積の計算」に関する問題を扱います。

中学校では$2 \times x$の積の記号を省略し「$2x$」と表記しますが、Maxima では積の記号を省略することはできません。

■検証

$2x+3(4-1)+x\times 3$を計算します。

積の記号も省略せず正確に入力してください。

```
(%i1) -2*x+3*(4-1)+x*3;
(%o1)                    x + 9
```

ア と イ について、計算結果が計算結果が$7a$になっているので、$2a+5a=7a$となるように入れます。

```
(%i2) a*2+5*a;
(%o2)                      7 a
```

ウ ～ カ について、x^2を作るためには、オ に累乗の「^」を入れる以外に方法はありません。

すると、ウ に掛け算の記号「*」を入れて$3x$を作ることが、カ に「-」を入れて-2を作ることが自ずと決まります。

あとは、エ に「+」を入れます。

```
(%i3) x*3+x^2-2;
                    2
(%o3)              x  + 3 x - 2
```

$(x+1)(x+2)-x-5$ を expand 関数に代入し、式を展開します。

```
(%i4) expand((x+1)*(x+2)-x-5);
                   2
(%o4)             x  + 2 x - 3
```

キ ～ サ について、(%i5) には閉じ括弧「)」が2つありますが、いちばん右はexpand関数によるもの、その左隣は数式によるものです。

閉じ括弧と開き括弧「(」は同数でなければならないのでどこかに閉じ括弧を入れる必要がありますが、キ ～ サ の中でそれが可能なのは ク だけなので、そこに入れます。

すると、残りの キ・ケ・サ に掛け算の記号「*」が、コ に足し算の記号「+」が入ることが自ずと決まります。

```
(%i5) expand(2*(-3*a+4*b));
(%o5)                  8 b - 6 a
```

シ ～ ツ について、(%i6) の いちばん左と いちばん右の括弧は expand 関数によるものです。

セとソの間に数式による閉じ括弧があるので、それより前のシにその対となる開き括弧を入れます。

また、ソとタの間にも数式による開き括弧があるので、それより後のツにその対となる閉じ括弧を入れます。

(%o6) には文字が積の形で入っているので、ソに掛け算の記号「*」を入れます。

あとは、残りのスとタに掛け算の記号「*」を、セとチに引き算の記号「-」を入れます。

```
(%i6) expand((2*a-b)*(3*c-d));
(%o6)            b d - 2 a d - 3 b c + 6 a c
```

以上より、答えは次のようになります。

ア	イ	ウ	エ	オ	カ	キ	ク	ケ	コ
①	⑤	⑤	①	⑧	②	⑤	⑨	⑤	①
サ	シ	ス	セ	ソ	タ	チ	ツ		
⑤	⑨	⑤	②	⑤	⑤	②	⑩		

演習 2-1

次のア～ニに入る適切な記号を選択肢から選び、結果を計算機で検証してみましょう。

```
(%i1) 5*x-x*3;
(%o1)                      2 x
(%i2) a ア 4 イ (3*a ウ 1);
(%o2)                    a + 1
(%i3) x エ 2 オ 3 カ 2 キ x;
(%o3)                  x^2 - 2 x + 3
(%i4) expand ( 3 クケコ 4 サ a シ 2 ス b セ );
(%o4)                6 b - 12 a
(%i5) expand( ソ 4 タ a チ b ツ * テ -2 ト c ナ d ニ );
(%o5)            b d - 4 a d + 2 b c - 8 a c
```

【選択肢(重複選択可)】

① +	② −	③ ×	④ ÷	⑤ *	⑥ /
⑦ \	⑧ ∧	⑨ (	⑩)	⑪ ;	⑫ =

演習 2-2

次の[ア]～[ソ]に入る適切な記号を選択肢から選び、結果を計算機で検証してみましょう。

```
(%i1) 3[ア イ]2*[ウ]1+2*[エ]1+3))) ;
(%o1)                      54
(%i2) 2^(-2[オ]3[カ]2*[キ]4+1)) ;
(%o2)                      16
(%i3) 3*[ク]2[ケ](2[コ]1)+1) ;
(%o3)                      27
(%i4) expand((x[サ]4+1[シ ス セ]x[ソ]1)) ;
(%o4)                  x^2 - 4 x + 3
```

【選択肢(重複選択可)】

① +	② -	③ ×	④ ÷	⑤ *	⑥ /
⑦ \	⑧ ∧	⑨ (	⑩)	⑪ ;	⑫ =

■演習の解答

演習2-1　アー5　イー2　ウー2　エー8　オー1　カー2　キー5
クー5　ケー9　コー2　サー5　シー1　スー5　セー10
ソー9　ター5　チー2　ツー10　テー9　トー5　ナー2
ニー10

演習2-2　アー5　イー9　ウー9　エー9　オー5　カー1　キー9
クー9　ケー8　コー1　サー2　シー10　スー5　セー9
ソー2

3-3 履歴の利用…直前出力を参照する

下の【使う要素】を参考にしながら、次の ア ～ ソ に入る適切な記号を選択肢から選び、結果を計算機で検証してみましょう。

なお、/*　*/ はコメント文なので、実際に入力する必要はありません。

```
(%i1) 1+2+3 /*1～3 の和*/ ;
(%o1)                          6
(%i2) %+4+5 /*1～5 の和*/ ;
(%o2)                         15
(%i3) [ア] +6+7+8+9+10 /*1～10 の和*/ ;
(%o3)                         55
(%i4) [イ ウ] 2 /*1～10 の和を 2 倍する*/ ;
(%o4)                        110
(%i5) (4 [エ] x [オ] 3 [カ] x [キ] 5 [ク ケ コ] 2 [サ] x [シ] x [ス] 6);
(%o5)                  (x + 5) (x + 6)
(%i6) expand( [セ] );
(%o6)                  x^2 + 11 x + 30
(%i7) solve( [ソ] =6,x);
(%o7)                [x = - 3, x = - 8]
```

【選択肢(重複選択可)】

① +	② −	③ ＊	④ /	⑤ ∧	⑥ %
⑦ &	⑧ (	⑨)	⑩ ;	⑪ =	⑫ #

【使う要素】

・%	直前出力を参照する大域変数
・expand	式を展開する関数
・solve	方程式を解く関数

■方針

ここでは、「履歴(りれき)」に関する問題を扱います。

直前出力の履歴は**パーセント「%」記号**で参照することが可能です。

■検証

「1〜3の和」を求めます。

```
(%i1) 1+2+3;
(%o1)                              6
```

この直前出力に「4」と「5」を足すと、「1〜5の和」を求めることが可能です。

```
(%i2) %+4+5;
(%o2)                             15
```

さらに、この直前出力に「6〜10」を足すと「1〜10の和」を求めることが可能です。

したがって、[ア]には「%」を入れます。

```
(%i3) %+6+7+8+9+10;
(%o3)                             55
```

この直前出力を2倍すると「110」になります。

したがって、[イ]には「%」を、[ウ]には「*」を入れます。

```
(%i4) %*2;
(%o4)                            110
```

「$(x+5)(x+6)$」になるように式を作ります。

[エ]〜[キ]と[サ]〜[ス]に括弧を入れることは不可能なので、[ク]に閉じ括弧「)」、[ケ]に「*」、[コ]に開き括弧「(」を入れます。

その後で、[エ]〜[キ]と[サ]〜[ス]に適切なものを選択します。

```
(%i5) (4*x-3*x+5)*(2*x-x+6);
(%o5)                    (x + 5) (x + 6)
```

この直前出力をexpand関数に代入し、式を展開します。

したがって、[セ]には「%」を入れます。

```
(%i6) expand(%);
(%o6)                    x^2 + 11 x + 30
```

さらに、この直前出力を利用して、解が$x=-3$、-8となる2次方程式「$x^2+11x+30=6$」を作ります。

したがって、[ソ]には「%」が入ります。

```
(%i7) solve(%=6,x);
(%o7)                 [x = - 3, x = - 8]
```

以上より、答えは次のようになります。

ア	イ	ウ	エ	オ	カ	キ	ク	ケ	コ
⑥	⑥	③	③	②	③	①	⑨	③	⑧

サ	シ	ス	セ	ソ
③	②	①	⑥	⑥

演習 3-1

次の[ア]～[タ]に入る適切な記号を選択肢から選び、結果を計算機で検証してみましょう。

```
(%i1) 2+4;
(%o1)                          6
(%i2) %+6+8+10;
(%o2)                          30
(%i3) [ア] +12+14+16+18+20;
(%o3)                          110
(%i4) [イ ウ] 2;
(%o4)                          55
(%i5) [エ オ] 5;
(%o5)                          50
(%i6) (-x+2 [カ] x-2 [キ ク ケ] 3 [コ] x-2 [サ] 3-2 [シ] x);
(%o6)                 (x - 8) (x - 2)
(%i7) expand( [ス] );
(%o7)                 x^2  - 10 x + 16
(%i8) solve( [セ] =-3 [ソ] x [タ] 4,x);
(%o8)                 [x = 3, x = 4]
```

【選択肢（重複選択可）】

① +	② -	③ *	④ /	⑤ ∧	⑥ %
⑦ &	⑧ (	⑨)	⑩ ;	⑪ =	⑫ #

演習　3-2

次の ア ～ ケ に入る適切な記号を選択肢から選び、結果を計算機で検証してみましょう。

なお、/*　*/ はコメント文なので、実際に入力する必要はありません。

```
(%i1) 1+2+3+4+5;
(%o1)                    15
(%i2) [ア イ] 2+5 [ウ] 2 /*1～10 の和*/ ;
(%o2)                    55
(%i3) [エ オ] 2+10 [カ] 2 /*1～20 の和*/ ;
(%o3)                    210
(%i4) [キ ク] 2+20 [ケ] 2 /*1～40 の和*/ ;
(%o4)                    820
```

【選択肢（重複選択可）】

① +	② -	③ *	④ /	⑤ ∧	⑥ %
⑦ &	⑧ (	⑨)	⑩ ;	⑪ =	⑫ #

■演習の解答

演習3-1　アー6　イー6　ウー4　エー6　オー2　カー3　キー9　クー3　ケー8　コー3　サー5　シー3　スー6　セー6　ソー3　ター1

演習3-2　アー6　イー3　ウー5　エー6　オー3　カー5　キー6　クー3　ケー5

3-4 履歴の利用…ラベルで参照する

下の【使う要素】を参考にしながら、次の ア ～ サ に入る適切な記号を選択肢から選び、結果を計算機で検証してみましょう。

ただし、適切な選択肢の組み合わせが複数ある場合は、番号が昇順になるものを選んでください。また、/*　*/ はコメント文なので、実際に入力する必要はありません。

```
(%i1) 1+2;
(%o1)                          3
(%i2) 3+4+5;
(%o2)                          12
(%i3) %o1+%o2;
(%o3)                          15
(%i4) 6+7+8;
(%o4)                          21
(%i5) 9+10;
(%o5)                          19
(%i6) %o ア + %o イ + %o ウ /*1～10 の和*/ ;
(%o6)                          55
(%i7) エ *x+ オ -x-2;
(%o7)                        x + 2
(%i8) - カ *x+ キ +3*x+2;
(%o8)                        x + 3
(%i9) %o ク * %o ケ ;
(%o9)                 (x + 2) (x + 3)
(%i10) expand(%o コ );
(%o10)                 x^2  + 5 x + 6
(%i11) solve(%o10= サ ,x);
(%o11)              [x = - 4, x = - 1]
```

【選択肢（重複選択可）】

① 1	② 2	③ 3	④ 4	⑤ 5
⑥ 6	⑦ 7	⑧ 8	⑨ 9	⑩ 0

【使う要素】

・%oN	出力ラベル(Nはラベル番号)
・expand	式を展開する関数
・solve	方程式を解く関数

■方針

ここも**3-3項**と同様に、履歴に関する問題を扱います。

出力の履歴は「%oN」(Nはラベル番号)で参照することができます。

■検証

まず、「1と2の和」を求めます。

```
(%i1) 1+2;
(%o1)                          3
```

続いて、「3〜5の和」を求めます。

```
(%i2) 3+4+5;
(%o2)                          12
```

履歴を利用して、(%o1)と(%o2)の和を計算します。

この時点で、(%o1)は2つ前の出力となり、直前出力の「%」では参照できないため、ラベルで指定することにします。

(%o2)は1つ前の出力になるので、直前出力の「%」とラベルのどちらを使用しても問題ありませんが、こちらもラベルで指定しておきます。

```
(%i3) %o1+%o2;
(%o3)                          15
```

「6〜8の和」を求めます。

```
(%i4) 6+7+8;
(%o4)                          21
```

「9と10の和」を求めます。

```
(%i5) 9+10;
(%o5)                          19
```

ア～ウについて、(%o3)、(%o4)、(%o5) の 3 つの和はどの順に並べても必ず 55 になりますが、問題文の中で「適切な選択肢の組み合わせが複数存在する場合は、選択肢の番号が昇順になるものを選ぶ」よう規定されているので、その順に並べます。

```
(%i6) %o3+%o4+%o5;
(%o6)                          55
```

エとオについて、計算結果が「$x+2$」になるように選択します。

```
(%i7) 2*x+4-x-2;
(%o7)                        x + 2
```

カとキについて、計算結果が「$x+3$」になるように選択します。

```
(%i8) -2*x+1+3*x+2;
(%o8)                        x + 3
```

クとケについて、(%o7) と (%o8) の積は前後を入れ替えても結果は同じになりますが、こちらも選択肢の番号が昇順になるように並べます。

```
(%i9) %o7*%o8;
(%o9)                  (x + 2) (x + 3)
```

コについて、直前出力を expand 関数に代入し、式を展開します。
ここでも、直前出力の「%」ではなくラベルで指定しておきます。

```
(%i10) expand(%o9);
```

(%o10) $$x^2+5x+6$$

サとシについて、(%o10) を利用して解が「$x=-4$、-1」となる 2 次方程式「$x^2+5x+6=2$」を作り、それを solve 関数を用いて解きます。

```
(%i11) solve(%o10=2,x);
(%o11)                [x = - 4, x = - 1]
```

以上より、答えは次のようになります。

ア	イ	ウ	エ	オ	カ	キ	ク	ケ	コ
③	④	⑤	②	④	②	①	⑦	⑧	⑨

サ
②

演習 4-1

次の[ア]～[コ]に入る適切な記号を選択肢から選び、結果を計算機で検証してみましょう。

ただし、適切な選択肢の組み合わせが複数ある場合は、番号が昇順になるものを選んでください。/*　*/ はコメント文なので、実際に入力する必要はありません。

```
(%i1) 1+2+3+4+5;
(%o1)                       15
(%i2) 6+7+8+9+10;
(%o2)                       40
(%i3) 11+12+13+14+15;
(%o3)                       65
(%i4) 16+17+18+19+20;
(%o4)                       90
(%i5) %o[ア] + %o[イ] /*1～10 の和*/ ;
(%o5)                       55
(%i6) %o[ウ] + %o[エ] /*11～20 の和*/ ;
(%o6)                      155
(%i7) %o[オ] + %o[カ] /*1～20 の和*/ ;
(%o7)                      210
(%i8) %o[キ] - %o[ク] /*6～20 の和*/ ;
(%o8)                      195
(%i9) %o[ケ] - %o[コ] /*6～15 の和*/ ;
(%o9)                      105
```

【選択肢(重複選択可)】

① 1	② 2	③ 3	④ 4	⑤ 5
⑥ 6	⑦ 7	⑧ 8	⑨ 9	⑩ 0

演習 4-2

次の ア ～ ケ に入る適切な記号を選択肢から選び、結果を計算機で検証してみましょう。

ただし、適切な選択肢の組み合わせが複数ある場合は、番号が昇順になるものを選びます。

```
(%i1) [ア] *x+ [イ] -2*x-2;
(%o1)                    3 x - 1
(%i2) x+ [ウ] + [エ] *x-3;
(%o2)                    4 x + 3
(%i3) %o [オ] * %o [カ] ;
(%o3)              (3 x - 1) (4 x + 3)
(%i4) expand(%o [キ] );
(%o4)                 12x^2 +5x-3
(%i5) solve(%o4= [ク ケ] *x^ 2,x);
(%o5)              [x=-3, x=1/2]
```

【選択肢(重複選択可)】

① 1	② 2	③ 3	④ 4	⑤ 5
⑥ 6	⑦ 7	⑧ 8	⑨ 9	⑩ 0

■演習の解答

演習4-1	アー1　イー2　ウー3　エー4　オー5　カー6　キー7 クー1　ケー8　コー4
演習4-2	アー5　イー1　ウー6　エー3　オー1　カー2　キー3 クー1　ケー10

3-5 履歴の利用(3) N回前の出力を参照する

下の【使う要素】を参考にしながら、次の ア ～ シ に入る適切な記号を選択肢から選び、結果を計算機で検証してみましょう。

ただし、適切な選択肢の組み合わせが複数ある場合は、番号が昇順になるものを選んでください。また、/*　*/ はコメント文なので、実際に入力する必要はありません。

```
(%i1) 1+2+3;
(%o1)                          6
(%i2) 4+5;
(%o2)                          9
(%i3) %th(1)+%th(2);
(%o3)                         15
(%i4) 6+7+8;
(%o4)                         21
(%i5) 9+10;
(%o5)                         19
(%i6) %th( ア )+ %th( イ ) /*6～10 の和*/ ;
(%o6)                         40
(%i7) %th( ウ )+ %th( エ ) /*1～10 の和*/ ;
(%o7)                         55
(%i8) オ *x+ カ -5*x-9;
(%o8)                       x - 2
(%i9) - キ *x- ク +7*x+4;
(%o9)                       x - 4
(%i10) %th( ケ )*%th( コ );
(%o10)               (x - 4) (x - 2)
(%i11) expand(%th( サ ));
(%o11)                 x^2 - 6x + 8
(%i12) solve(%th(1)= シ ,x);
(%o12)                [x = 1, x = 5]
```

【選択肢(重複選択可)】

① 1	② 2	③ 3	④ 4	⑤ 5
⑥ 6	⑦ 7	⑧ 8	⑨ 9	⑩ 0

【使う要素】

- ・%th(N)　N 回前の出力履歴を参照する関数
- ・expand　式を展開する関数
- ・solve　方程式を解く関数

■方針

出力の履歴は %th 関数で参照することが可能です。

「%oN」のラベルによる参照が絶対位置によるものとすると、こちらは相対位置による参照という関係になります。

■検証

まず、「1～3 の和」と「4～5 の和」を求めます。

```
(%i1) 1+2+3;
(%o1)                           6
(%i2) 4+5;
(%o2)                           9
```

%th 関数を用いて、「1～5の和」を履歴から求めます。

```
(%i3) %th(1)+%th(2);
(%o3)                          15
```

さらに、「6～8 の和」と「9～10 の和」を求めます。

```
(%i4) 6+7+8;
(%o4)                          21
(%i5) 9+10;
(%o5)                          19
```

ア と イ について、(%o4) と (%o5) の和は 40 になります。

この時点で (%o4) は 2 つ前、(%o5) は 1 つ前になるので、%th 関数を用いてそれぞれ %th(2)、%th(1) で履歴を参照することが可能です。

あとは、選択肢の番号が昇順になるように並べます。

```
(%i6) %th(1)+%th(2);
(%o6)                          40
```

ウ と エ について、(%o1)、(%o2)、(%o4)、(%o5) の 4 つの和は 55 になります。

(%o1) と (%o2) の和については (%o3) で、(%o4) と (%o5) の和については (%o6) で求めてあるので、それを利用することにします。

この時点で (%o3) は 4 つ前、(%o6) は 1 つ前になるので、%th 関数を用いてそれぞれ %th(4)、%th(1) で履歴を参照することが可能です。

あとは、選択肢の番号が昇順になるように並べます。

```
(%i7) %th(1)+%th(4);
(%o7)                          55
```

オ と カ は、計算結果が「$x-2$」になるように選択します。

```
(%i8) 6*x+7-5*x-9;
(%o8)                        x - 2
```

キ と ク について、計算結果が「$x-4$」になるように選択します。

```
(%i9) -6*x-8+7*x+4;
(%o9)                        x - 4
```

ケ と コ について、(%o8) と (%o9) の積は $(x-2)(x-4)$ になります。

この時点で (%o8) は 2 つ前、(%o9) は 1 つ前になるので、%th 関数を用いてそれぞれ %th(2)、%th(1) で履歴を参照することが可能です。

あとは、選択肢の番号が昇順になるように並べます。

```
(%i10) %th(1)*%th(2);
(%o10)                   (x - 4) (x - 2)
```

サ は、1 つ前の出力を expand 関数に代入し、式を展開します。

```
(%i11) expand(%th(1));
                           2
(%o11)                    x  - 6 x + 8
```

シ について、1 つ前の出力を利用して解が x =1,5 となる 2 次方程式 $x^2-6x+8=3$ を作成し、それを solve 関数を用いて解きます。

```
(%i12) solve(%th(1)=3,x);
(%o12)                   [x = 1, x = 5]
```

以上より、答えは次のようになります。

ア	イ	ウ	エ	オ	カ	キ	ク	ケ	コ
①	②	①	④	⑥	⑦	⑥	⑧	①	②

サ	シ
①	③

演習 5-1

次の ア ～ コ に入る適切な記号を選択肢から選び、結果を計算機で検証してみましょう。

ただし、適切な選択肢の組み合わせが複数ある場合は、番号が昇順になるものを選びます。なお、/*　*/ はコメント文なので、入力する必要はありません。

```
(%i1) 1+2+3+4+5;
(%o1)                         15
(%i2) 6+7+8+9+10;
(%o2)                         40
(%i3) 11+12+13+14+15;
(%o3)                         65
(%i4) 16+17+18+19+20;
(%o4)                         90
(%i5) %th( ア ) + %th( イ ) /*1～10 の和*/ ;
(%o5)                         55
(%i6) %th( ウ ) + %th( エ ) /*11～20 の和*/ ;
(%o6)                         155
(%i7) %th( オ ) + %th( カ ) /*1～20 の和*/ ;
(%o7)                         210
(%i8) %th( キ ) - %th( ク ) /*6～20 の和*/ ;
(%o8)                         195
(%i9) %th( ケ ) - %th( コ ) /*6～15 の和*/ ;
(%o9)                         105
```

【選択肢(重複選択可)】

① 1	② 2	③ 3	④ 4	⑤ 5
⑥ 6	⑦ 7	⑧ 8	⑨ 9	⑩ 0

演習 5-2

次の ア ～ ク に入る適切な記号を選択肢から選び、結果を計算機で検証してみましょう。

ただし、適切な選択肢の組み合わせが複数ある場合は、番号が昇順になるものを選びます。

```
(%i1) x-3+x+ ア ;
(%o1)                     2 x - 1
(%i2) イ *x- ウ -2*x+3;
(%o2)                     3 x - 1
(%i3) %th( エ ) * %th( オ );
(%o3)             (2 x - 1) (3 x - 1)
(%i4) expand(%th( カ ) );
(%o4)                 6x^2 - 5x + 1
(%i5) solve(%th(1)= キ * x^2 - ク ,x);
(%o5)               [x = 3, x = 2 ]
```

【選択肢(重複選択可)】

① 1	② 2	③ 3	④ 4	⑤ 5
⑥ 6	⑦ 7	⑧ 8	⑨ 9	⑩ 0

■演習の解答

演習 5-1　アー3　イー4　ウー2　エー3　オー1　カー2　キー1　クー7　ケー1　コー5

演習 5-2　アー2　イー5　ウー4　エー1　オー2　カー1　キー5　クー5

3-6 履歴の利用(4)　出力がリストの場合

【使う要素】を参考にしながら、次の ア ～ ス に入る適切な記号を選択肢から選び、結果を計算機で検証してみましょう。

ただし、適切な選択肢の組み合わせが複数ある場合は、番号が昇順になるものを選びます。

```
(%i1) ev(x,x=-2);
(%o1)                           - 2
(%i2) ev(x^ 2,x=-2);
(%o2)                            4
(%i3) solve(x^ 2 -3*x+2=0,x);
(%o3)                   [x = 1, x = 2]
(%i4) %[1];
(%o4)                         x = 1
(%i5) %o3[2];
(%o5)                         x = 2
(%i6) solve(x^ 2 - ア *x+ イ ウ =0,x);
(%o6)                   [x = 3, x = 4]
(%i7) ev(x,%[ エ ])+ev(x,%[ オ ]);
(%o7)                            7
(%i8) ev(x,%o カ [ キ ])*ev(x,%o ク [ ケ ]);
(%o8)                           12
(%i9) ev(x^ 2,%th( コ )[ サ ])+ev(x^ 2,%th( シ )[ ス ]);
(%o9)                           25
```

【選択肢(重複選択可)】

① 1	② 2	③ 3	④ 4	⑤ 5
⑥ 6	⑦ 7	⑧ 8	⑨ 9	⑩ 0

【使う要素】

- [a_1,a_2,…,a_n]　　n 個の成分から構成されたリスト/全体を角括弧で囲む
- %[n]　　直前出力のリストの第 n 成分の履歴を参照する
- %oN[n]　　出力ラベルが %oN のリストの第 n 成分の履歴を参照する
- %th(N)[n]　　N 回前の出力のリストの第 n 成分の履歴を参照する関数
- ev　　式を評価する関数点/代入操作をする関数

■方針

出力がリストになっている場合の履歴は、通常の履歴にリスト成分の番号「[n]」を付けることで参照可能です。

なお、ev は式を評価する関数で、今回は代入操作で使用します。

■検証

ev 関数を用いて、x に $x=-2$ を代入します。

```
(%i1) ev(x,x=-2);
(%o1)                           - 2
```

ev 関数を用いて、x^2 に $x=-2$ を代入します

```
(%i2) ev(x^2,x=-2);
(%o2)                           4
```

solve 関数を用いて、2 次方程式 $x^2-3x+2=0$ を解きます。

```
(%i3) solve(x^2-3*x+2=0,x);
(%o3)                     [x = 1, x = 2]
```

直前出力のリストの中から第1成分を取り出します。

```
(%i4) %[1];
(%o4)                          x = 1
```

(%o3) のリストの中から第2成分を取り出します。

```
(%i5) %o3[2];
(%o5)                          x = 2
```

ア〜ウについて、x^2 の係数が 1 で「$x=3$、4」を解にもつ 2 次方程式 $x^2-7x+12=0$ を作り、solve 関数を用いて解きます。

```
(%i6) solve(x^2-7*x+12=0,x);
(%o6)                     [x = 3, x = 4]
```

エとオは、ev 関数を用いて x に $x=3$ と $x=4$ を代入し、その和を求めます。

この時点で (%o6) は直前出力になるので、%[1] には $x=3$ が、%[2] には $x=4$ が入っていることになります。あとは、選択肢の番号が昇順になるように並べます。

```
(%i7) ev(x,%[1])+ev(x,%[2]);
(%o7)                          7
```

カ～ケについて、ev 関数を用いて x に $x=3$ と $x=4$ を代入し、その積を求めます。

今回のようにラベルで指定する場合は、$x=3$ を %o6[1] で、$x=4$ を %o6[2] で参照して、選択肢の番号が昇順になるように並べます。

```
(%i8) ev(x,%o6[1])*ev(x,%o6[2]);
(%o8)                         12
```

コ～スについて、ev 関数を用いて x^2 に $x=3$ と $x=4$ を代入し、その和を求めます。

(%o6) は 3 つ前の出力になるので、今回のように %th 関数を用いる場合は $x=3$ を %th(3)[1] で、$x=4$ を %th(3)[2] で参照します。

その後、選択肢の番号が昇順になるように並べます。

```
(%i9) ev(x^2,%th(3)[1])+ev(x^2,%th(3)[2]);
(%o9)                         25
```

以上より、答えは次のようになります。

ア	イ	ウ	エ	オ	カ	キ	ク	ケ	コ
⑦	①	②	①	②	⑥	①	⑥	②	③

サ	シ	ス
①	③	②

演習 6

次のア～フに入る適切な記号を選択肢から選び、結果を計算機で検証してみましょう。

ただし、適切な選択肢の組み合わせが複数ある場合は、番号が昇順になるものを選びます。

```
(%i1) ev(x,x=-3);
(%o1)                          - 3
(%i2) ev(x^ 2,x=-3);
(%o2)                           9
(%i3) solve(x^ 2 - ア *x- イ =0,x);
(%o3)                [x = 3, x = - 1]
(%i4) ev(x,%[ ウ ])+ev(x,%[ エ ]);
(%o4)                           2
(%i5) ev(x,%o オ [ カ ])-ev(x,%o キ [ ク ]);
(%o5)                         - 4
(%i6) ev(x,%th( ケ )[ コ ])*ev(x,%th( サ )[ シ ]);
(%o6)                         - 3
(%i7) ev(x^ 2,%o ス [ セ ])+ev(x^ 2,%o ソ [ タ ]);
(%o7)                          10
(%i8) ev(x^ 2,%th( チ )[ ツ ])*ev(x^ 2,%th( テ )[ ト ]);
(%o8)                           9
(%i9) ev(x^ 3,%o ナ [ ニ ])+ev(x^ 3,%o ヌ [ ネ ]);
(%o9)                          26
(%i10) ev(x^ 3,%th( ノ )[ ハ ])*ev(x^ 3,%th( ヒ )[ フ ]);
(%o10)                       - 27
```

【選択肢(重複選択可)】

① 1	② 2	③ 3	④ 4	⑤ 5
⑥ 6	⑦ 7	⑧ 8	⑨ 9	⑩ 0

■演習の解答

演習6	アー2	イー3	ウー1	エー2	オー3	カー2	キー3	クー1
	ケー3	コー1	サー3	シー2	スー3	セー1	ソー3	ター2
	チー5	ツー1	テー5	トー2	ナー3	ニー1	ヌー3	ネー2
	ノー7	ハー1	ヒー7	フー2				

3-7 式の割り当てと定義(1)　数値の代入

【使う要素】を参考にしながら、次の[ア]～[ク]に入る適切な記号を選択肢から選び、結果を計算機で検証してみましょう。

ただし、適切な選択肢の組み合わせが複数ある場合は、番号が昇順になるものを選びます。

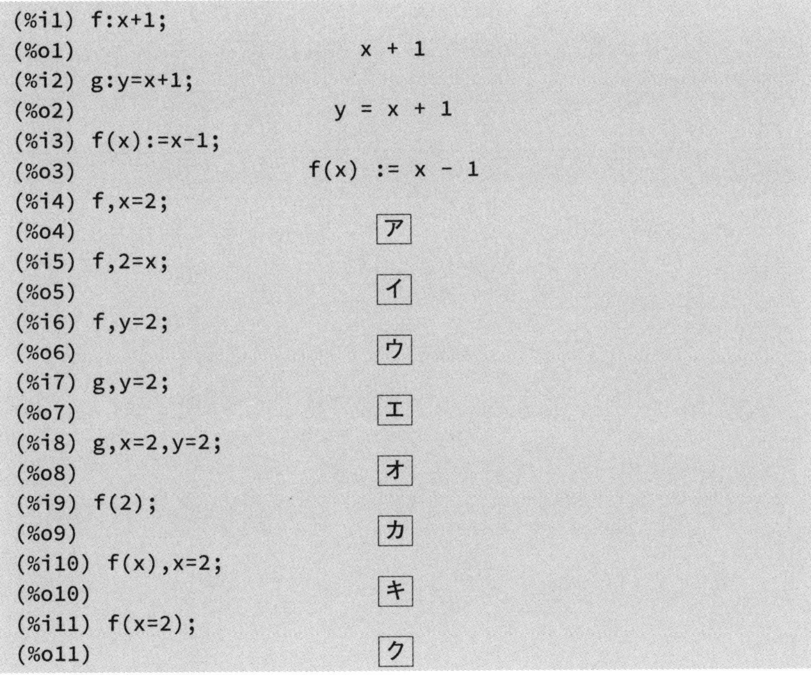

```
(%i1) f:x+1;
(%o1)                    x + 1
(%i2) g:y=x+1;
(%o2)                  y = x + 1
(%i3) f(x):=x-1;
(%o3)                f(x) := x - 1
(%i4) f,x=2;
(%o4)                    [ア]
(%i5) f,2=x;
(%o5)                    [イ]
(%i6) f,y=2;
(%o6)                    [ウ]
(%i7) g,y=2;
(%o7)                    [エ]
(%i8) g,x=2,y=2;
(%o8)                    [オ]
(%i9) f(2);
(%o9)                    [カ]
(%i10) f(x),x=2;
(%o10)                   [キ]
(%i11) f(x=2);
(%o11)                   [ク]
```

【選択肢(重複選択可)】

① 1	② 3	③ x + 1
④ x − 1	⑤ y = x + 1	⑥ 2 = x + 1
⑦ y = 3	⑧ x + 1 = 1	⑨ x − 1 = 1
⑩ 1 = −1	⑪ 2 = 3	⑫ エラー表示

【使う要素】

- ・:　式を割り当てる演算子
- ・:=　式を定義する演算子
- ・ev　式を評価する関数・代入操作をする関数

■方針

ここでは、等式や式への数値の代入操作について取り扱います。

人間がどのように操作をすることを前提にしているのか、故意にエラーを発生させながら確認していきます。

ここで学習する内容は、Maxima を対話形式で操作するために必要であり、かつ、マニュアル等では解説されていない独自の内容になるので、ここで確実に習得してください。

■検証

コロン「：」記号を用いて、f に $x+1$ を、g に $y=x+1$ を割り当てます。

f には式が、g には等式が割り当てられていることに注意してください。

```
(%i1) f:x+1;
(%o1)                            x + 1
(%i2) g:y=x+1;
(%o2)                         y = x + 1
```

「：＝」記号を用いて、$f(x)$ を $x-1$ と定義します。

ここでは、(%i1) で用いた f の記号を再度利用していることに注意してください。

```
(%i3) f(x):=x-1;
(%o3)                     f(x) := x - 1
```

[ア]について、ev 関数を用いて f に $x=2$ を代入します。

「ev(f, x = 2)」と入力してもいいですが、ev 関数が入力行の最初にくる場合には、それを省略することが可能です。

```
(%i4) f,x=2;
(%o4)                              3
```

ここで、少しいたずらをしてみたいと思います。

[イ]について、$x=2$ の左辺と右辺を逆転し $2=x$ としたものを f に代入してみます。

```
(%i5) f,2=x;
```

```
Only symbols can be bound; found: 2
-- an error. To debug this try: debugmode(true);
```

すると、エラーが表示されました。

この結果から、代入の対象となる記号は左辺に配置しなければならないことが分かります。

ウについて、f の中に y は含まれていませんが、それを承知の上で $y=2$ を代入するとどうなるでしょうか。

```
(%i6) f,y=2;
(%o6)                       x + 1
```

代入の対象が存在していない場合は、式に影響を与えないことが分かります。

さらに、エについて、g には x と y の 2 つを含む等式を割り当てましたが、この g に $y=2$ を代入するとどうなるでしょうか。

```
(%i7) g,y=2;
(%o7)                     2 = x + 1
```

$y=x+1$ の y の部分に 2 が代入されました。等式という形態は代入後も変化はありません。

今度はオについて、g に $x=2$ と $y=2$ を代入するとどうなるでしょうか。

```
(%i8) g,x=2,y=2;
(%o8)                       2 = 3
```

等式が壊れています。

このような場合には警告を表示してほしいところですが、残念ながら Maxima はそこまでの機能を提供してくれないようです。

したがって、人間のほうで気をつけて操作する必要があります。

カとキについて、x が 2 のときの $f(x)$ の値を 2 通りの方法で求めます。

```
(%i9) f(2);
(%o9)                          1
(%i10) f(x),x=2;
(%o10)                         1
```

この結果を (%o4) と比べると、(%i1) で式を割り当てる際に用いた f と (%i3) で式を定義する際に用いた $f(x)$ を Maxima は別のものとして認識していることが分かります。

ク について、$f(x)$ に等式 $x=2$ を代入するとどうなるでしょうか。

```
(%i11) f(x=2);
(%o11)                    x - 1 = 1
```

式が等式へと変化しています。エラーではないものの、このような代入方法で処理をする場面はないと思われます。

以上より、答えは次のようになります。

ア	イ	ウ	エ	オ	カ	キ	ク
②	⑫	③	⑥	⑪	①	①	⑨

演習 7-1

次の ア ～ ク に入る適切な記号を選択肢から選び、結果を計算機で検証してみましょう。

```
(%i1) f:x-3;
(%o1)                         x - 3
(%i2) g:y=x-1;
(%o2)                       y = x - 1
(%i3) f(x):=x-3;
(%o3)                     f(x) := x - 3
(%i4) f,x=3;
(%o4)                           ア
(%i5) f,3=x;
(%o5)                           イ
(%i6) f,y=3;
(%o6)                           ウ
(%i7) g,y=3;
(%o7)                           エ
(%i8) g,x=3,y=3;
(%o8)                           オ
(%i9) f(3);
(%o9)                           カ
(%i10) f(x),x=3;
(%o10)                          キ
(%i11) f(x=3);
(%o11)                          ク
```

【選択肢(重複選択可)】

① 0	② 3	③ 3＝3
④ 3＝2	⑤ x－ 1	⑥ x－ 3
⑦ y＝3	⑧ x－ 3＝0	⑨ x－3＝3
⑩ 3＝x－1	⑪ y＝x－3	⑫ エラー表示

演習 7-2

次の ア ～ カ に入る適切な記号を選択肢から選び、結果を計算機で検証してみましょう。

```
(%i1) f:y=x^2-5*x+6;
(%o1)                    y = x^2 - 5 x + 6
(%i2) f(x):=x^2-5*x+4;
(%o2)                 f(x) := x^2 - 5 x + 4
(%i3) solve(ev(f, ア ),x);
(%o3)                     [x = 3, x = 2]
(%i4) solve(f(x)= イ ,x);
(%o4)                     [x = 1, x = 4]
(%i5) solve(ev(f, ウ ),x);
(%o5)                     [x = 1, x = 4]
(%i6) solve(f(x)= エ ,x);
(%o6)                     [x = 3, x = 2]
(%i7) solve(f,x);
(%o7)                            オ
(%i8) solve(f(x),x);
(%o8)                            カ
```

【選択肢(重複選択可)】

① x　② y　③ −2　④ −1
⑤ 0　⑥ 1　⑦ 2　⑧ y = −2
⑨ y = −1　⑩ y = 0　⑪ y = 1　⑫ y = 2
⑬ [x = 1, x = 4]　⑭ [x = 3, x = 2]

⑮ $x = -\frac{\mathrm{sqrt}(4y+1)-5}{2}, x = \frac{\mathrm{sqrt}(4y+1)+5}{2}$

⑯ $y = -\frac{\mathrm{sqrt}(4x^2+1)-5}{2}, y = \frac{\mathrm{sqrt}(4x^2+1)+5}{2}$

⑰ エラー表示

■演習の解答

演習7-1　アー1　イー12　ウー6　エー10　オー4　カー1　キー1　クー8

演習7-2　アー10　イー5　ウー12　エー3　オー15　カー13

3-8 式の割り当てと定義(2)　等式の演算(1)

【使う要素】を参考にしながら、次の［ア］～［カ］に入る適切な記号を選択肢から選び、結果を計算機で検証してみましょう。

```
(%i1) f:y=x+1;
(%o1)                       y = x + 1
(%i2) f(x):=x-1;
(%o2)                    f(x) := x - 1
(%i3) f+2;
(%o3)                          [ア]
(%i4) f(x)+2;
(%o4)                          [イ]
(%i5) f*2;
(%o5)                          [ウ]
(%i6) f(x)*2;
(%o6)                          [エ]
(%i7) f+f(x);
(%o7)                          [オ]
(%i8) f*f(x);
(%o8)                          [カ]
```

【選択肢(重複選択可)】

① y + 2 = x + 1	② y + 2 = x + 3	③ x + 1
④ x + 3	⑤ 2y = 2(x + 1)	⑥ 2(x + 1)
⑦ 2y = 2(x − 1)	⑧ 2(x − 1)	⑨ y + f(x) = 2x
⑩ y + x − 1 = 2x	⑪ y = x + 1	⑫ y = x + 3
⑬ (x − 1)y = (x − 1)(x + 1)	⑭ (x + 1)y = (x + 1)(x − 1)	

【使う要素】

- ・:　　式を割り当てる演算子
- ・:=　式を定義する演算子

■方針

ここでは、等式の演算について確認します。

ここで学習する内容は、Maximaを対話形式で操作するために必要であり、かつ、数学的思考を計算機上で忠実に再現するための基礎となるものなので、将来数学を必要とする人ほど重要になります。

マニュアルなどでは解説されていない独自の内容なので、確実に習得してください。

■検証

「：」(コロン)記号を用いて、f に等式 $y=x+1$ を割り当てます。

```
(%i1) f:y=x+1;
(%o1)                    y = x + 1
```

「：＝」記号を用いて、$f(x)$ を $x-1$ と定義します。

```
(%i2) f(x):=x-1;
(%o2)                 f(x) := x - 1
```

ア と イ について、f と $f(x)$ に2を足します。

```
(%i3) f+2;
(%o3)                 y + 2 = x + 3
(%i4) f(x)+2;
(%o4)                     x + 1
```

このように、等式に数値を足した場合には、等式の両辺に数値が足されます。

今度は ウ と エ について、f と $f(x)$ に 2 を掛けます。

```
(%i5) f*2;
(%o5)               2 y = 2 (x + 1)
(%i6) f(x)*2;
(%o6)                  2 (x - 1)
```

等式に数値を掛けた場合には、等式の両辺に数値が掛けらます。

オ について、f に $f(x)$ を足します。

```
(%i7) f+f(x);
(%o7)               y + x - 1 = 2 x
```

この場合には、等式 $y=x+1$ の両辺に $x-1$ が足されます。

カ について、f に $f(x)$ を掛けます。

```
(%i8) f*f(x);
(%o8)            (x - 1) y = (x - 1) (x + 1)
```

この場合には、等式 $y=x+1$ の両辺に $x-1$ が掛けられることになります。

以上より、答えは次のようになります。

ア	イ	ウ	エ	オ	カ
②	③	⑤	⑧	⑩	⑬

■等式の演算に関する公式

最後に、等式の演算に関する公式を導いておきます。

まず、f に $X=Y$ を割り当てます。

```
(%i1) f:X=Y;
(%o1)                         X = Y
```

足し算の場合は、次のようになります。

```
(%i2) f+a;
(%o2)                     X + a = Y + a
```

引き算の場合は、次のようになります。

```
(%i3) f-a;
(%o3)                     X - a = Y - a
```

掛け算の場合は、次のようになります。

```
(%i4) f*a;
(%o4)                       a X = a Y
```

割り算の場合は、次のようになります。

```
(%i5) f/a;
```

(%o5) $$\frac{x}{a}=\frac{y}{a}$$

演 習 8-1

次の[ア]～[カ]に入る適切な記号を選択肢から選び、結果を計算機で検証してみましょう。

```
(%i1) f:y=x;
(%o1)                          y = x
(%i2) f(x):=x-3;
(%o2)                     f(x) := x - 3
(%i3) f+3;
(%o3)                           ア
(%i4) f(x)+3;
(%o4)                           イ
(%i5) f*3;
(%o5)                           ウ
(%i6) f(x)*3;
(%o6)                           エ
(%i7) f+f(x);
(%o7)                           オ
(%i8) f*f(x);
(%o8)                           カ
```

【選択肢(重複選択可)】

① y = x ② y + 3 = x + 3	③ x
④ x + 3 ⑤ 3 y = 3 x	⑥ 3 (x − 3)
⑦ 3 y = 3 (x − 3)	⑧ 3 x
⑨ y + x − 3 = 2 x − 3	⑩ y + f(x) = 2x − 3
⑪ y = (x − 3)x	⑫ (x − 3)y = (x − 3)x

演 習 8-2

手計算による方程式の解法を計算機上で再現してみます。

次の[ア]～[タ]に入る適切な記号を選択肢から選び、結果を計算機で検証してみましょう。

なお、(2)の連立方程式について、今回は代入法で解くことにします。

(1) $4x-3=3x+1$　(2) $\begin{cases} 2x-3y=-10 \\ 4x+y=8 \end{cases}$

(1) $4x-3=3x+1$

f に $4x-3=3x+1$ を割り当てます。

```
(%i1) f ア 4*x-3=3*x+1;
(%o1)                  4 x - 3 = 3 x + 1
```

f の両辺から $3x$ を引き、右辺の $3x$ を左辺に移項します。

```
(%i2) f イ 3 ウ x;
(%o2)                      x - 3 = 1
```

この直前出力の両辺に 3 を足し、左辺の -3 を右辺に移項します。

```
(%i3) % エ 3;
(%o3)                       x = オ
```

(2) $\begin{cases} 2x-3y=-10 \\ 4x+y=8 \end{cases}$

g_1 に $2x-3y=-10$ を、g_2 に $4x+y=8$ を割り当てます。

```
(%i4) g1 カ 2*x-3*y=-10;
(%o4)                 2 x - 3 y = - 10
(%i5) g2 キ 4*x+y=8;
(%o5)                    y + 4 x = 8
```

g_2 の両辺から $4x$ を引き、左辺の $4x$ を右辺に移項します。

```
(%i6) g2 ク 4 ケ x;
(%o6)                    y = 8 - 4 x
```

直前出力で求めた y を g_1 に代入します(この部分が代入法になります)。

```
(%i7) g1, コ ;
(%o7)              2 x - (8 - 4 x) = - 10
```

この直前出力を expand 関数に代入し、式を展開します。

```
(%i8) expand( サ );
(%o8)                 14 x - 24 = - 10
```

この直前出力の両辺に 24 を足し、左辺の -24 を右辺に移項します。

```
(%i9) % シ 24;
(%o9)                     14 x = 14
```

この直前出力の両辺を 14 で割り、x の係数を 1 にします。

```
(%i10) % ス 14;
(%o10)                    x = セ
```

直前出力で求めた x を (%o6) に代入します。

```
(%i11) %o6, ソ ;
(%o11)                    y = タ
```

【選択肢(重複選択可)】

① 1	② 2	③ 3	④ 4	⑤ 5	⑥ 6
⑦ 7	⑧ 8	⑨ 9	⑩ 0	⑪ +	⑫ -
⑬ *	⑭ /	⑮ ∧	⑯ :	⑰ =	⑱ %

■演習の解答

演習8-1　ア－2　イ－3　ウ－5　エ－6　オ－9　カ－12

演習8-2　ア－16　イ－12　ウ－13　エ－11　オ－4　カ－16　キ－16　ク－12　ケ－13　コ－18　サ－18　シ－11　ス－14　セ－1　ソ－18　タ－4

3-9　式の割り当てと定義(3)　等式の演算(2)

次の ア ～ オ に入る適切な記号を選択肢から選び、結果を計算機で検証してみましょう。

```
(%i1) f:y=x+3$
(%i2) g:y=x+1$
(%i3) f;
(%o3)                    y = x + 3
(%i4) g;
(%o4)                    y = x + 1
(%i5) f+g;
(%o5)                        ア
(%i6) f-g;
(%o6)                        イ
(%i7) f*g;
(%o7)                        ウ
(%i8) f^2;
(%o8)                        エ
(%i9) g^2;
(%o9)                        オ
```

【選択肢(重複選択可)】

① 0 = 2 x + 4	② 2 y = 2 x + 4
③ 0 = 2	④ 2 = 0
⑤ 2y = (x + 1)(x + 3)	⑥ y^2 = (x + 1)(x + 3)
⑦ $y^2=(x+3)^2$	⑧ $2y=(x+3)^2$
⑨ $2y=(x+1)^2$	⑩ $y^2=(x+1)^2$

【使う要素】

- :　　式を割り当てる演算子
- $　　入力行の行末を示す記号(結果を出力する必要がない場合)

■方針

ここでは、等式同士の演算について確認します。

3-8項と同様に、マニュアルなどで解説されていない独自の内容なので、ここで確実に習得してください。

■検証

「：」(コロン)記号を用いて、f に等式 $y=x+3$ を、g に等式 $y=x+1$を割り当てます。

いままでは入力行の最後をセミコロン「；」にしてきましたが、今回はドル記号「＄」にします。

```
(%i1) f:y=x+3$
(%i2) g:y=x+1$
```

この入力行の最後をドル記号「＄」にする方法は、式の割り当てや定義など、処理の結果を出力する必要がない場合によく用いられます。

Maximaに不慣れな段階でこのような使い方をすると正しく処理されたのか不安に感じるかもしれませんが、その場合は、次のようにして内容を確認することが可能です。

```
(%i3) f;
(%o3)                          y = x + 3
(%i4) g;
(%o4)                          y = x + 1
```

正しく割り当てられていることが分かります。

それでは計算をしてみましょう。

ア について、f に g を足します。

```
(%i5) f+g;
(%o5)                    2 y = 2 x + 4
```

このように、等式 f に等式 g を足した場合には、f と g の左辺同士、および、右辺同士を足すことになります。

続いて イ について、f から g を引きます。

```
(%i6) f-g;
(%o6)                         0 = 2
```

等式fから等式gを引いた場合には、fとgの左辺同士、および、右辺同士を引くことになります。

等式が壊れるような結果になった場合でも警告は出ないので、注意してください。

ウ について、f と g を掛けます。

```
(%i7) f*g;
(%o7)               y^2  = (x + 1) (x + 3)
```

等式 f に等式 g を掛けた場合には、f と g の左辺同士、および、右辺同士を掛けることになります。

エ と オ について、等式 f と g を2乗します。

```
(%i8) f^2;
(%o8)                     y^2 = (x + 3)^2
(%i9) g^2;
(%o9)                     y^2 = (x + 1)^2
```

このように、等式の2乗する場合には、左辺および右辺をそれぞれ2乗することになります。

以上より、答えは次のようになります。

ア	イ	ウ	エ	オ
②	③	⑥	⑦	⑩

■等式同士の演算に関する公式

最後に、等式同士の演算に関する公式を導いておきます。
まず、f に $A=B$を、gに$C=D$ を割り当てます。

```
(%i1) f:A=B$
(%i2) g:C=D$
(%i3) f;
(%o3)                          A = B
(%i4) g;
(%o4)                          C = D
```

足し算の場合は、次のようになります。

```
(%i5) f+g;
(%o5)                      C + A = D + B
```

引き算の場合は、次のようになります。

```
(%i6) f-g;
(%o6)                      A - C = B - D
```

掛け算の場合は、次のようになります。

```
(%i7) f*g;
(%o7)                        A C = B D
```

割り算の場合は、次のようになります。

```
(%i8) f/g;
(%o8)
```

$$\frac{A}{C}=\frac{B}{D}$$

2 乗すると、次のようになります。

```
(%i9) f^2;
(%o9)
(%i10) g^2;
(%o10)
```

$$A^2=B^2$$

$$C^2=D^2$$

演 習 9-1

次の ア ～ オ に入る適切な記号を選択肢から選び、結果を計算機で検証してみましょう。

```
(%i1) f:2*y=x+4$
(%i2) g:y=3*x+4$
(%i3) f;
(%o3)                    2 y = x + 4
(%i4) g;
(%o4)                    y = 3 x + 4
(%i5) f+g;
(%o5)                        ア
(%i6) f-g;
(%o6)                        イ
(%i7) f*g;
(%o7)                        ウ
(%i8) f^2;
(%o8)                        エ
(%i9) g^2;
(%o9)                        オ
```

【選択肢(重複選択可)】

① y = 2 x	② y = − 2 x
③ 3 y = 4 x + 8	④ 3 y = 4 x
⑤ $4y^2 = (x+4)^2$	⑥ $y^2 = (3x+4)^2$
⑦ $4y^2 = (3x+4)^2$	⑧ $4y^2 = (x+4)(3x+4)$
⑨ $y^2 = (x+4)^2$	⑩ $2y^2 = (x+4)(3x+4)$

演 習　9-2

　手計算による連立方程式の加減法を、計算機上で再現してみます。
次の[ア]～[オ]に入る適切な記号を選択肢から選び、結果を計算機で検証してみましょう。

$$\begin{cases} 5x+2y=16 \\ 3x+2y=12 \end{cases}$$

　f に $5x+2y=16$ を、g に $3x+2y=12$ を割り当てます。

```
(%i1) f [ア] 5*x+2*y=16$
(%i2) g [イ] 3*x+2*y=12$
```

　まずは x を求めます。
　f と g の両方の左辺に $2y$ があるので、f から g を引き、それを消去します(この部分が加減法になります)。

```
(%i3) f [ウ] g;
(%o3)                     2 x = 4
```

　この直前出力の両辺を 2 で割り、x の係数を 1 にします。

```
(%i4) % [エ] 2;
(%o4)                     x = [オ]
```

　次に y を求めます。
　直前出力にある x を f に代入します。

```
(%i5) f, [カ] ;
(%o5)                 2 y + 10 = 16
```

　この直前出力の両辺から 10 を引き、左辺にある 10 を右辺に移項します。

```
(%i6) % [キ] 10;
(%o6)                     2 y = 6
```

　さらに直前出力の両辺を 2 で割り、y の係数を 1 にします。

```
(%i7) % [ク] 2;
(%o7)                     y = [ケ]
```

【選択肢（重複選択可）】

① 1	② 2	③ 3	④ 4	⑤ 5	⑥ 6
⑦ 7	⑧ 8	⑨ 9	⑩ 0	⑪ +	⑫ -
⑬ *	⑭ /	⑮ ∧	⑯ :	⑰ =	⑱ %

■演習の解答

演習9-1　アー3　イー2　ウー10　エー5　オー6

演習9-2　アー16　イー16　ウー12　エー14　オー2　カー18　キー12　クー14　ケー3

第4章

数学の基礎

基本的な数学のカリキュラムの中から、Maxima を使用することで利便性を体感できる分野、および、Maxima の機能を知る上で重要な項目について、例題を示した上で解説をします。

例題には、それぞれ「中学校」「高校１年」「高校２年」のカリキュラムで扱われる内容であることを示します。

4-1 四則演算

次の計算をして、その結果を計算機で検証してみましょう。(中学校)

(1) $8+2$	(2) $3+(-4)-(-5)$	(3) $(-3)\times(-4)$
(4) $38\div 95$	(5) $\frac{1}{2}+\frac{1}{3}$	(6) $\frac{3}{4}\div\frac{3}{2}$

【使う要素】

- ・ev　式の評価をする関数
- ・numer　浮動小数点数に変換する大域変数

■方針

ここでは、四則演算に関連する基本的な問題を出題します。

Maxima を電卓と同じような感覚で気楽に操作してみてください。

■検証

(1)$8+2$

まずは簡単な足し算です。

入力行の最後は、必ずセミコロン「；」にしてください。

```
(%i1) 8+2;
(%o1)                         10
```

よって、答えは10になります。

(2) $3+(-4)-(-5)$

負の数を含む引き算です。

括弧内にあるマイナス符号も正確に入力してください。

```
(%i2) 3+(-4)-(-5);
(%o2)                         4
```

よって、答えは4になります。

(3) $(-3)\times(-4)$

掛け算には、アスタリスク「*」記号を用います。

```
(%i3) (-3)*(-4);
(%o3)                         12
```

よって、答えは12になります。

(4) $38\div 95$

割り算には、スラッシュ「/」記号を用います。

```
(%i4) 38/95;
                              2
(%o4)                         -
                              5
```

よって、答えは$\frac{2}{5}$になります。

このように、割り切れない場合には、結果が分数として表示されます。

電卓のように小数で表示したい場合には、次のようにev関数※に代入し、numerを引数に指定してください。

```
(%i5) ev(%,numer);
(%o5)                         0.4
```

※入力行の最初にev関数がくる場合には、それを省略することが可能です

(5) $\frac{1}{2}+\frac{1}{3}$

分数の足し算です。

分数は、スラッシュ記号「/」を用いた割り算として入力します。

```
(%i6) 1/2+1/3;
(%o6)                    5/6
```

よって、答えは$\frac{5}{6}$になります。

(6) $\frac{3}{4} \div \frac{3}{2}$

分数を分数で割る場合には、それぞれの分数を括弧で括ります。

```
(%i7) (3/4)/(3/2);
(%o7)                    1/2
```

よって、答えは $\frac{1}{2}$になります。

ここで、分数を括弧で括らなかった場合について確認をしておきます。
まずは、割られる数と割る数の両方の分数を括らなかった場合です。

```
(%i8) 3/4/3/2;
(%o8)                    1/8
```

次に、片方だけを括った場合です。

```
(%i9) (3/4)/3/2;
(%o9)                    1/8
(%i10) 3/4/(3/2);
(%o10)                   1/2
```

このように、括弧の括り方で計算結果に差が出る場合もあるので、慣れるまでは丁寧に括弧で括るようにしてください。

演習 10

次の計算をして、その結果を計算機で検証してみましょう。

(1) $9-4$	(2) $(-9)+8$	(3) $(-4)\times 5$
(4) $96\div(-8)$	(5) $\frac{5}{4}-\frac{15}{8}$	(6) $\left(-\frac{13}{14}\right)\times\left(-\frac{21}{26}\right)$

■演習の解答

演習10 (1) 5 (2) -1 (3) -20 (4) −12 (5) $-\frac{5}{8}$ (6) $\frac{3}{4}$

4-2 多項式の計算

次の計算をして、その結果を計算機で検証してみましょう。(中学校)

(1) $(6a+2)+(4a+5)$　(2) $\frac{2x-5}{4}-\frac{x+3}{3}+1$

【使う要素】

- ・expand　[検証②] 式を展開する関数
- ・factor　[検証②] 式を因数分解する関数
- ・rat　[検証①②] 式を展開し共通の分母でまとめる関数
- ・xthru　[検証②] 共通の分母でまとめる関数

■方針

ここでは、多項式の計算に関する問題を扱います。

検証①では、ごく一般的な方法で計算をして、**検証②**では、(2) を例にexpand・factor・rat 関数の機能について詳しく見ていきます。

こちらは、数学やコンピュータを得意とする人を対象とした内容になります。

■検証①

(1) $(6a+2)+(4a+5)$

式をそのまま入力します。

```
(%i1) (6*a+2)+(4*a+5);
(%o1)                    10 a + 7
```

よって、答えは**10*a*+7**になります。

(2) $\frac{2x-5}{4}-\frac{x+3}{3}+1$

式をそのまま入力します。

```
(%i2) (2*x-5)/4-(x+3)/3+1;
```

$$(\%o2) \quad \frac{2x-5}{4}-\frac{x+3}{3}+1$$

何も変化はないようです。

上の直前出力をrat関数に代入し、式を共通の分母でまとめます。

```
(%i3) rat(%);
(%o3)/R/
```

$$\frac{2x-5}{12}$$

よって、答えは $\frac{2x-15}{12}$ になります。

■検証②

(2) $\frac{2x-5}{4}-\frac{x+3}{3}+1$

式をそのまま入力します。

```
(%i1) (2*x-5)/4-(x+3)/3+1;
```

$$(\%o1) \quad \frac{2x-5}{4}-\frac{x+3}{3}+1$$

検証①では、この直前出力をrat関数に代入しましたが、それはrat関数の汎用性が高いために、慣れてきたらこの方法で解くのが一般的になるであろうと考えたからです。

検証②では、その理由を含め、機能的な側面から詳しく見ていきます。

まずはexpand関数について、上の直前出力を $\frac{1}{4}(2x-5)-\frac{1}{3}(x-3)+1$ のように分数が前に括り出されているものと見なして関数に代入し、式を展開します。

```
(%i2) expand(%);
```

$$(\%o2) \quad \frac{x}{6}-\frac{5}{4}$$

この直前出力を xthru 関数に代入し、式を共通の分母でまとめます。

```
(%i3) xthru(%);
(%o3)                        2 x - 15
                             --------
                                12
```

よって、答えは $\frac{2x-15}{12}$ になります。

次に、expand 関数の逆の作用をする factor 関数を使ってみます。

各項に共通因数がないので因数分解できずに空振りになると予想されますが、果たしてどうでしょうか。

```
(%i4) factor(%o1);
(%o4)                        2 x - 15
                             --------
                                12
```

きれいにまとまりました。

expand 関数で式を展開し xthru 関数で分数をまとめる方法は考え方の筋道も自然なので解けて当然だとしても、rat 関数や factor 関数による処理で簡易化できるのは何故なのか、その理由を見ていきます。

(%o1) を一般化した式を F とおき、それぞれの関数で処理します。

```
(%i5) F:(A1+B1)/C1+(A2+B2)/C2+D$
(%i6) expand(F);
```
$$D + \frac{B2}{C2} + \frac{A2}{C2} + \frac{B1}{C1} + \frac{A1}{C1} \tag{\%o6}$$
```
(%i7) xthru(%);
```
$$\frac{C1\ C2\ D + (B1 + A1)\ C2 + B2\ C1 + A2\ C1}{C1\ C2} \tag{\%o7}$$
```
(%i8) rat(F);
```
$$\frac{C1\ C2\ D + (B1 + A1)\ C2 + (B2 + A2)\ C1}{C1\ C2} \tag{\%o8/R/}$$
```
(%i9) factor(F);
```
$$\frac{C1\ C2\ D + B1\ C2 + A1\ C2 + B2\ C1 + A2\ C1}{C1\ C2} \tag{\%o9}$$

xthru・rat・factor のすべての関数で分母を共通化していること、加えて factor 関数が分子を展開していることが分かります。

factor 関数のような因数分解のための関数で式展開をするのは Maxima に慣れた方でないと難しいと思いますが、有用な機能が含まれているのならば、本来の用途に関係なくそれを利用してもよいのです。

factor 関数による処理で括弧が消えることは確認しましたが、**検証①**における rat 関数による処理でも同様に括弧が消えるということは、rat関数にも式を展開する機能が含まれていることを示唆しています※。

> ※rat関数は高機能で便利な関数なので、Maximaのビルトイン関数の中で使用されている場合もあります。

ここからは、rat 関数に式を展開する機能が含まれることを確認した上で、その強度を expand 関数と比較してみます。

まずは、$A(B+C)$ を展開します。

```
(%i10) A*(B+C);
(%o10)                          A (C + B)
(%i11) expand(A*(B+C));
(%o11)                          A C + A B
(%i12) rat(A*(B+C));
(%o12)/R/                       A C + A B
```

rat 関数にも式を展開する機能が含まれていることが分かりました。

次に、$(A+B)(C+D)$ を展開します。

```
(%i13) (A+B)*(C+D);
(%o13)                      (B + A) (D + C)
(%i14) expand((A+B)*(C+D));
(%o14)                 B D + A D + B C + A C
(%i15) rat((A+B)*(C+D));
(%o15)/R/              (B + A) D + (B + A) C
```

今度は、処理結果に差が出ました。

とりあえず、ここでは「rat 関数でも多少は式を展開できる」ということだけ覚えておいてください。

では、実際の数値を代入してみましょう。

まずは、(%o8) に代入します。

```
(%i16) %o8,A1=2*x,B1=-5,C1=4,A2=-x,B2=-3,C2=3,D=1;
                              2 x - 15
(%o16)/R/                     --------
                                 12
```

きれいに簡易化されました。

次に、(%o9) に実際の数値を代入します。

```
(%i17) %o9,A1=2*x,B1=-5,C1=4,A2=-x,B2=-3,C2=3,D=1;
```

$$\text{(\%o17)} \quad \frac{2x-15}{12}$$

こちらも再現できました。

本書では「factor は式を因数分解する関数」と説明しながら解説をしている箇所が多々ありますが、実際の factor 関数の機能は「因数分解という数学用語で説明できるほど単純なものではない」ことを理解していただけたかと思います。

このように、Maxima の関数はよく考えた上で作られているので、その機能をしっかりと把握することが重要です。

演 習 11

次の計算をして、その結果を計算機で検証してみましょう。

(1) $(6a+1)+(3a+4)$　(2) $(-2x-3y)-(y-x)$

(3) $\frac{a-1}{2}+\frac{a-2}{3}$　(4) $x-\frac{x-3y}{2}+\frac{2x+5y}{3}$

■演習の解答

演習 11　(1) $9a+5$　(2) $-x-4y$　(3) $\frac{5a-7}{6}$　(4) $\frac{7x+19y}{6}$

4-3 単項式の乗法と除法

次の計算をして、その結果を計算機で検証してみましょう。(中学高)

(1) $2ab^2\times 8a^2b^3$	(2) $21x^3y^2\div 7x^2y$

■方針

検証①は、ごく一般的な方法で解き、検証②では、指数計算の過程を確認しながら計算を進めます。こちらは、いくらか教育的な内容になります。

■検証①

(1) $2ab^2\times 8a^2b^3$

式をそのまま入力します。

```
(%i1) (2*a*b^2)*(8*a^2*b^3);
(%o1)                          16 a^3 b^5
```

よって、答えは$16\boldsymbol{a}^3\boldsymbol{b}^5$になります。

(2) $21x^3y^2\div 7x^2y$

式をそのまま入力します。

```
(%i2) (21*x^3*y^2)/(7*x^2*y);
(%o2)                          3 x y
```

よって、答えは$3\boldsymbol{xy}$になります。

なお、割る数$7x^2y$を括弧で括らなかった場合は

```
(%i3) (21*x^3*y^2)/7*x^2*y;
(%o3)                          3 x^5 y^3
```

となり、$\dfrac{21x^3y^2}{7}\times x^2y$の計算をしていることになります。

ですから、慣れるまでは丁寧に括弧で括るよう心がけてください。

■検証②

(1) $2ab^2\times 8a^2b^3$

指数計算におけるミスとして考えられるのは、掛け算をする際に$x^m\times x^n\Rightarrow x^{m\times n}$のように指数部についても掛け算をしてしまうことではないかと思います。

そこで、ここでは $x^m \times x^n \Rightarrow x^{m+n}$ のように指数部が足し算になることを確認しながら計算をしてみます。

$2ab^2 \times 8a^2 2b^3 \Rightarrow 2ab^k \times 8a^l b^m$ とおいて計算し、あとで数値を戻します。

```
(%i1) (2*a*b^k)*(8*a^l*b^m);
(%o1)                        l+1  m+k
                         16 a    b
```

指数部が足し算になることが分かります。

ここで、ev関数を用いて、直前出力に $k=2$、$l=2$、$m=3$ を代入し、指数部を元に戻します。

```
(%i2) ev(%,k=2,l=2,m=3);
(%o2)                          3  5
                           16 a  b
```

よって、答えは $\mathbf{16a^3b^5}$ になります。

このように、計算機を用いて公式の確認をすることも可能です。

(2) $21x^3y^2 \div 7x^2y$

割り算なので、$x^m \div x^n \Rightarrow x^{m-n}$ のように指数部が引き算になることを確認しながら計算します。

$21x^3y^2 \div 7x^2y \Rightarrow 21x^ky^l \div 7x^my$ とおいて計算し、あとで数値を戻します。

割る数 $7x^my$ は、括弧で括ってください。

```
(%i3) (21*x^k*y^l)/(7*x^m*y);
(%o3)                        k-m  l-1
                          3 x    y
```

指数部が引き算になることが分かります。

ここで、ev関数を用いて直前出力に $k=3$、$l=2$、$m=2$ を代入し、指数部を元に戻します。

```
(%i4) ev(%,k=3,l=2,m=2);
(%o4)                    3 x y
```

よって、答えは**3xy**になります。

演 習 12

次の計算をして、その結果を計算機で検証しましょう。

(1) $\left(-2a^3b^2\right)\times\left(-3a^2b\right)$

(2) $16x^2y^3\div\left(-4x^2y\right)$

(3) $\left(-abx^2y\right)^3\times\left(-2xy^2\right)^2$

(4) $\left(-2xy^2\right)^3\div\left(x^2y\right)^2\times\dfrac{x^2}{8}$

■演習の解答

演習 12　(1) $6a^5b^3$　(2) $-4y^2$　(3) $-4a^3b^3x^8y^7$　(4) $-xy^4$

4-4 式の展開(1)

次の式を展開して、その結果を計算機で検証してみましょう。(中学校)

(1) $(x+4)(y-3)$	(2) $(x-2)(x+6)$
(3) $(3x+1)^2$	(4) $(4x+9)(4x-9)$

【使う要素】

- ・ev　式の評価をする関数
- ・expand　式を展開する関数

■方針

expand関数を用いた一般的な方法で解きます。

■検証

(1) $(x+4)(y-3)$

expand関数を用いて、式を展開します。

```
(%i1) expand((x+4)*(y-3));
(%o1)                 x y + 4 y - 3 x - 12
```

よって、答えは $\boldsymbol{xy}+4\boldsymbol{y}-3\boldsymbol{x}-12$ になります。

(2) $(x-2)(x+6)$

expand関数を用いて、式を展開します。

```
(%i2) expand((x-2)*(x+6));
                             2
(%o2)                       x  + 4 x - 12
```

よって、答えは $\boldsymbol{x}^2+4\boldsymbol{x}-12$ になります。

(3) $(3x+1)^2$

expand関数を用いて、式を展開します。

```
(%i3) expand((3*x+1)^2);
                               2
(%o3)                       9 x  + 6 x + 1
```

よって、答えは $9\boldsymbol{x}^2+6\boldsymbol{x}+1$ になります。

(4) $(4x+9)(4x-9)$

expand 関数を用いて、式を展開します。

```
(%i4) expand((4*x+9)*(4*x-9));
(%o4)                          16 x^2 - 81
```

よって、答えは $16x^2-81$ になります。

演習 13

次の式を展開して、その結果を計算機で検証しましょう。

(1) (a-4) (b+5)	(2) (x-4) (x-12)
(3) (3x+4)(2x-1)	(4) (2a+3b)^2

■演習の解答

演習 13 (1) $ab+5a-4b-20$ (2) $x^2-16x+48$ (3) $6x^2+5x-4$
(4) $4a^2+12ab+9b^2$

4-5 式の展開…文字の置き換え

次の式を展開してください。また、その結果を計算機で検証してみましょう。(高1)

(1) $(x+y+3)(x+y+4)$ (2) $(x-y+z)^2$

【使う要素】

- declare [検証②] 対象に属性を与える関数
- expand [検証①・②] 式を展開する関数
- mainvar [検証②] 主変数を表す属性
- ordergreat [検証②] 変数の優先順位を変更する関数
- ratsubst [検証②] 式を置換する関数
- subst [検証②] 部分式を置換する関数
- unorder [検証②] 変数の優先順位を元に戻す関数

■方針

検証①は、ごく一般的な方法で解きます。

検証②では、変数の優先順位を設定した上で、教科書にある展開公式が使えるように文字を置き換えます。

例として、(1)はdeclare関数を用いてmainvar属性を指定することで、(2)はordergreat関数を用いて変数の優先順位を設定することで計算してみます。

また、置換操作については、(2)で扱うことにします。

■検証①

(1) $(x+y+3)(x+y+4)$

expand関数を用いて式を展開します。

```
(%i1) expand((x+y+3)*(x+y+4));
(%o1)            y^2+2xy+7y+x^2+7x+12
```

手計算で式をまとめると、答えは $\boldsymbol{x}^2+(2\boldsymbol{y}+7)\boldsymbol{x}+\boldsymbol{y}^2+7\boldsymbol{y}+12$ になります。

(2) $(x-y+z)^2$

expand関数を用いて式を展開します。

```
(%i2) expand((x-y+z)^2);
(%o2)          z^2-2yz+2xz+y^2-2xy+x^2
```

手計算で式をまとめると、答えは $\boldsymbol{x}^2+(-2\boldsymbol{y}+2\boldsymbol{z})\boldsymbol{x}+\boldsymbol{y}^2-2\boldsymbol{zy}+\boldsymbol{z}^2$ になります。

■検証②

検証①では、最後に手計算で式をまとめています。

著者は「手計算の方が有利な場合には、手計算で処理するべきである」と考えていますが、一方で、手計算をすることで人間のミスが入り込む余地が生じるのも事実なので、コンピュータと手計算の処理の割合を自分で調整できるようになることが理想なのかなとも思います。

そこで、この検証②では、変数の優先順位を設定することで、手計算が入り込む余地を排除してみたいと思います。

(1) $(x+y+3)(x+y+4)$

ここでは、declare 関数を用いて、x に主変数の mainvar 属性を設定してみます。

declare 関数の引数は、第1引数には x を、第2引数で mainvar を指定します。

```
(%i1) declare(x,mainvar);
(%o1)                          done
```

教科書にある公式が使えるよう $(x+y+3)(x+y+4)$ を $(a+3)(a+4)$ の形に式を誘導します。

ev 関数(省略)を用いて、式中の $x+y$ に a を代入します。

```
(%i2) (x+y+3)*(x+y+4),x+y=a;
(%o2)                (x + y + 3) (x + y + 4)
```

うまくいかないので、式中の y に $a-x$ を代入する形に変更します。

```
(%i3) (x+y+3)*(x+y+4),y=a-x;
(%o3)                      (a + 3) (a + 4)
```

今度はうまくいきました。

上の直前出力を expand 関数に代入し、式を展開します。

```
(%i4) expand(%);
                            2
(%o4)                      a  + 7 a + 12
```

ここで、a を $x+y$ に戻します。

```
(%i5) %,a=x+y;
                          2
(%o5)              (x + y)  + 7 (x + y) + 12
```

この形まで誘導できれば、教科書にある展開公式が使えるようになります。

上の直前出力に $(x+y)^2=x^2+2xy+y^2$ の公式を代入し、$(x+y)^2$ の箇所を置き換えます。

```
(%i6) %,(x+y)^2=expand((x+y)^2);
                2                         2
(%o6)          x  + 7 (x + y) + 2 y x + y  + 12
```

この直前出力を expand 関数に代入し、式を展開します。

```
(%i7) expand(%);
(%o7)           x^2 + 2 y x + 7 x + y^2 + 7 y + 12
```

この直前出力を rat 関数に代入し、次数ごとに係数をまとめます。

```
(%i8) rat(%);
(%i8)/R/        x^2 + (2 y + 7) x + y^2 + 7 y + 12
```

よって、答えは $x^2+(2y+7)x+y^2+7y+12$ になります。

(2) $(x-y+z)^2$

(1) のように変数が 2 個の場合には主変数を決めれば解決しますが、(2) のように 3 個以上ある場合には、その方法は使えません。

そこで、ordergreat や orderless関数を用いて優先順位を設定する必要があります。

今回は、例として ordergreat 関数で設定することにします。
関数の引数は、左から優先順位の高い順に並べてください。

```
(%i1) ordergreat(x,y,z);
(%o1)                         done
```

教科書にある公式が使えるよう $(x-y+z)^2$ を $(x+a)^2$ の形に式を誘導します。
ev 関数(省略)を用いて、式中の $-y+z$ に a を代入します。

```
(%i2) (x-y+z)^2,-y+z=a;
(%o2)                      (x - y + z)^2
```

うまくいかないようです。

このような結果になった場合に、今までは $z=a+y$ の形にしてから代入していましたが、今回は subst・ratsubst 関数を用いて式を置換してみます。

> ※「置換操作」と「代入操作」を区別する明確な理由はありませんが、一応 subst 系関数を使った代入操作について、本書では「置換操作」と表現することで統一しています。

まずは、subst 関数を用いて、式中の $-y+z$ を a に置換します。

```
(%i3) subst(a,-y+z,(x-y+z)^2);
(%o3)                    (x - y + z)^2
```

空振りのようです。

置換対象が部分式の形で入っていなかった場合は、今回のような結果になります。

空振りというと失敗をしたように聞こえますが、subst 関数で空振りをすることは部分式の存在を確認するためのプロセスも兼ねているので、躊躇せず空振りしてください。

次に、置換力の強い ratsubst 関数を用いて処理します。

```
(%i4) ratsubst(a,-y+z,(x-y+z)^2);
(%o4)                x^2 + 2 a x + a^2
```

今度はうまくいきました。

ここで、a を $-y+z$ に戻します。

```
(%i5) %,a=-y+z;
(%o5)           x^2 + 2 (z - y) x + (z - y)^2
```

この形まで誘導できれば、教科書にある展開公式が使えるようになります。

上の直前出力に、教科書にある展開公式を代入します。

```
(%i6) %,(z-y)^2=expand((z-y)^2);
(%o6)         x^2 + 2 (z - y) x + y^2 - 2 z y + z^2
```

上の直前出力を expand 関数に代入し、式を展開します。

```
(%i7) expand(%);
(%o7)        x^2 - 2 y x + 2 z x + y^2 - 2 z y + z^2
```

この直前出力を rat 関数に代入し、次数ごとに係数をまとめます。

```
(%i8) rat(%);
(%o8)/R/  x^2 + (- 2 y + 2 z) x + y^2 - 2 z y + z^2
```

よって、答えは $x^2+(-2y+2z)x+y^2-2zy+z^2$ になります。

最後に、unorder 関数を用いて、変数の優先順位の設定を元に戻します。

```
(%i9) unorder();
(%o9)                      [z, y, x]
```

Maxima では ordergreat・orderless 関数を用いた優先順位の再設定ができないようになっているので、必要な場合には unorder 関数で設定をリセットした上で、最初からやり直してください。

演習 14

次の式を展開して、その結果を計算機で検証しましょう。

(1) $(x+2y+1)(x+2y+3)$　　(2) $(3x+2y+1)^2$

(3) $(x^2+3x+4)(x^2+3x+1)$　　(4) $(x^2-2x-1)(x^2-2x+1)$

■演習の解答

演習 14　(1) $x^2+(4y+4)x+4y^2+8y+3$　　(2) $9x^2+(12y+6)x+4y^2+4y+1$

(3) $x^4+6x^3+14x^2+15x+4$　　(4) $x^4-4x^3+4x^2-1$

4-6 因数分解…共通因数の括り出し

次の式を因数分解して、その結果を計算機で検証してみましょう。(中学生・高1)

(1) $x^3yz^2-xy^2z$	(2) $a(x-y)+b(x-y)$

【使う要素】

- ・divide　[検証②・③] 商と余りを求める関数
- ・factor　[検証②] 式を因数分解する関数
- ・gcd　[検証②・③] 最大共通因数(最大公約数)を求める関数

■方針

検証①では、factor関数を用いて、式を因数分解します。

この方法は途中の計算を確認することができないので教育には適していませんが、解き方としてはもっとも一般的ではないかと思います。

検証②では、(2) を例に、gcd関数を用いて因数を計算し、それをもとに因数分解をしてみます。

検証③では、(1) を例に、自力で因数を探すところから計算を開始します。

手計算で解いた際の検証には、こちらが参考になると思います。

■検証①

(1) $x^3yz^2-xy^2z$

factor関数を用いて、式を因数分解します。

```
(%i1) factor(x^3*y*z^2-x*y^2*z);
(%o1)                    x y z (x^2 z - y)
```

よって、答えは $xyz(x^2z-y)$ になります。

(2) $a(x-y)+b(x-y)$

factor関数を用いて、式を因数分解します。

```
(%i2) factor(a*(x-y)+b*(x-y));
(%o2)                  - (b + a) (y - x)
```

少し整理すると、答えは$(a+b)(x-y)$になります。

■検証②

(2) $a(x-y)+b(x-y)$

f_1とf_2にそれぞれ$a(x-y)$と$b(x-y)$を割り当てます。

```
(%i1) f1:a*(x-y)$
(%i2) f2:b*(x-y)$
```

gcd関数を用いて、f_1とf_2の最大共通因数を求めます。

```
(%i3) gcd(f1,f2);
(%o3)                          y - x
```

divide関数の第2引数に直前出力を代入し、f_1+f_2を最大共通因数$y-x$で割った場合の商と余りを求めます。

```
(%i4) divide(f1+f2,%);
(%o4)                      [- b - a, 0]
```

リストの第1成分が商、第2成分が余りになり、当然ですが、余りは「0」になります。

あとは、上で求めた最大共通因数と商を掛け合わせれば、それが答えになります。

```
(%i5) %th(2)*%[1];
(%o5)                   (- b - a) (y - x)
```

よって、答えは$(a+b)(x-y)$になります。

■検証③

(1) $x^3yz^2-xy^2z$

この(1)は手計算で簡単に最大共通因数のxyzを見つけられると思いますが、式が複雑になるとうまくいかない場合もあります。

そこで、例としてxyz^2という共通因数でないものを選んだ場合と、xzという最大でない共通因数を選んだ場合について、計算の中身を確認しておきます。

f に式を割り当てます。

```
(%i1) f:x^3*y*z^2-x*y^2*z$
```

まずは、xyz^2 という共通因数でないものを選んだ場合を計算します。

```
(%i2) divide(f,x*y*z^2);
(%o2)                    [x , - x y  z]
```

リストの第1成分が商、第2成分が余りになります。

共通因数でないものを選んだ場合には、余りが「0」にはなりません。

そのような場合には、計算をやり直すことになります。

次に、xz という最大でない共通因数を選んだ場合を計算します。

```
(%i3) divide(f,x*z);
(%o3)                  [x  y z - y , 0]
```

最大でない共通因数を選んだ場合も余りは0になります。商の中にまだ共通因数のyがあるので、今度はリストの第1成分のx^2yz-y^2 を y で割ります。

```
(%i4) divide(%[1],y);
(%o4)                    [x  z - y, 0]
```

商の中に共通因数が存在しないので、これで計算は終了です。

あとは、括り出しに成功した共通因数と最後に残った商を掛け合わせれば、それが答えになります。

```
(%i5) (x*z)*y*%[1];
(%o5)                  x y z (x  z - y)
```

よって、答えは $xyz\left(x^2z-y\right)$ になります。

演 習　15

次の式を因数分解して、その結果を計算機で検証しましょう。

(1) x^2y-xy^2　　(2) $3a^2b-6ab^2-12abc$

(3) $\left(a+b\right)x-\left(a+b\right)y$　　(4) $\left(a-b\right)^2+c\left(b-a\right)$

■演習の解答

演習15	(1) $xy(x-y)$	(2) $3ab(a-2b-4c)$
	(3) $(a+b)(x-y)$	(4) $(a-b)(a-b-c)$

4-7 因数分解…2次式の因数分解

次の式を展開して、その結果を計算機で検証してみましょう。(中学校・高1)

(1) $x^2+6x-72$	(2) $x^2-10x+25$	(3) x^2-49
(4) $2x^2-3x+1$	(5) $16x^2+40x+25$	(6) $25x^2-36$

【使う要素】

- ・divide　[検証③] 商と余りを求める関数
- ・ev　[検証①] 式の評価をする関数
- ・factor　[検証①・②] 式を因数分解する関数
- ・solve　[検証④] 方程式を解く関数

■方針

検証①では、factor関数を用いて式を因数分解します。

この方法は途中の計算を確認することができないので教育には適していませんが、解き方としてはもっとも一般的ではないかと思います。

検証②では、(2)を例に、教科書にある公式を確認しながら因数分解を行ない、Maximaを公式集として活用できることを確認します。

検証③では、(4)を例に、自力で因数を探すところから計算を開始します。

手計算で解いた際の検証には、こちらが参考になると思います。

検証④では、(1)を例に、solve関数を用いて因数分解をします。

こちらの方法は少々高度なので、数学やコンピュータの得意な人向けの内容になります。

■検証①

(1) $x^2+6x-72$

factor 関数を用いて、式を因数分解します。

```
(%i1) factor(x^2+6*x-72);
(%o1)                    (x - 6) (x + 12)
```

よって、答えは$(x-6)(x+12)$になります。

(2) $x^2-10x+25$

factor 関数を用いて、式を因数分解します。

```
(%i2) factor(x^2-10*x+25);
(%o2)                          (x - 5)^2
```

よって、答えは$(x-5)^2$になります。

(3) x^2-49

(1)(2)とは少し異なる方法で解いてみます。

ev 関数の引数に factor に指定し、式を因数分解します※。

```
(%i3) ev(x^2-49,factor);
(%o3)                     (x - 7) (x + 7)
```

よって、答えは$(x-7)(x+7)$になります。

※このような関数のもつ性質を evfun 属性(evaluation function)と呼び、ev(式、関数)の形で関数を使うことができます。

(4) $2x^2-3x+1$

同様に、ev 関数の引数に factor を指定し、式を因数分解します。

```
(%i4) ev(2*x^2-3*x+1,factor);
(%o4)                   (x - 1) (2 x - 1)
```

よって、答えは$(x-1)(2x-1)$になります。

(5) $16x^2+40x+25$

(3)(4)をさらに改良をしてみます。

今度は、ev関数を省略した上で、factorを引数に指定します。

```
(%i5) 16*x^2+40*x+25,factor;
(%o5)                          (4 x + 5)^2
```

よって、答えは$(4x+5)^2$になります。

今回のように、入力行の最初にev関数がくる場合には、それを省略することが可能です。

(6) $25x^2-36$

同様に、ev関数を省略した上で、factorを引数に指定します。

```
(%i6) 25*x^2-36,factor;
(%o6)                (5 x - 6) (5 x + 6)
```

よって、答えは$(5x-6)(5x+6)$になります。

■検証②

(2) $x^2-10x+25$

$x^2-2ax+a^2=(x-a)^2$の公式を作り、その後で数値を代入します。

fに$x^2+2ax+a^2$を割り当てます。

```
(%i1) f:x^2-2*a*x+a^2$
```

fをfactor関数に代入し、式を因数分解します。

```
(%i2) factor(f);
(%o2)                          (x - a)^2
```

上の2つの出力から公式を作成します。

```
(%i3) %th(2)=%th(1);
(%o3)               x^2 - 2 a x + a^2 = (x - a)^2
```

作成した公式に$a=5$を代入します。

```
(%i4) %,a=5;
(%o4)                x^2 - 10 x + 25 = (x - 5)^2
```

よって、答えは$(x-5)^2$になります。

■検証③

(4) $2x^2-3x+1$

factor関数を用いて因数分解する場合は、計算の途中経過が分からないので、結果を鵜呑みにするしかありません。

しかしながら、それでは計算機を使いこなしていることにはならないので、この検証3では(4)を例に、divide関数を用いて途中経過を確認しながら計算してみます。

まず、最初に、$2x^2-3x+1$が$x+1$を因数にもつと仮定します。divide関数を用いて、$2x^2-3x+1$を$x+1$で割ります。

```
(%i1) divide(2*x^2-3*x+1,x+1);
(%o1)                    [2 x - 5, 6]
```

計算の結果、商が$2x-5$で余りが6になりました。因数である場合には余りが0になるので、$x+1$は因数ではありません。

次に、$x-1$を因数にもつと仮定します。

divide関数を用いて、$2x^2-3x+1$を$x-1$で割ります。

```
(%i2) divide(2*x^2-3*x+1,x-1);
(%o2)                    [2 x - 1, 0]
```

計算の結果、余りが0になったので、$x-1$は因数ということになります。

商の$2x-1$をこれ以上因数分解することはできないので、計算はこれで終了です。

あとは、括り出しに成功した因数と最後に残った商を掛け合わせれば、それが答えになります。

よって、答えは$(x-1)(2x-1)$になります。

■検証④

(1) $x^2+6x-72$

solve 関数を用いて、$x^2+6x-72$ を因数分解します。

x^2 の係数が 1 なので、2 次方程式の解をa、b とすると、因数分解をした結果は必ず$(x-a)(x-b)$の形になります。

そこで、solve 関数を用いて「$a+b=-6$、$ab=-72$」の連立方程式を解き、その結果を$(x-a)(x-b)$に代入します。

```
(%i1) (x-a)*(x-b),solve([a+b=-6,a*b=-72],[a,b]);
(%o1)                    (x - 6) (x + 12)
```

よって、答えは$(\boldsymbol{x}-6)(\boldsymbol{x}+12)$になります。

この方法の場合、solve 関数による計算結果として表示される 2 つの解のうち、リストの第 1 成分にある解が最初に代入されるということに注意する必要があります。

このことは、たとえば次のような計算をすれば簡単に確認することが可能です。

```
(%i2) solve([a+b=-6,a*b=-72],[a,b]);
(%o2)     [[a = - 12, b = 6], [a = 6, b = - 12]]
(%i3) a-b,solve([a+b=-6,a*b=-72],[a,b]);
(%o3)                          - 18
```

もちろん、今回はリストにある 2 つの解のどちらを代入しても同じ結果になるので、問題はありません。

```
(%i4) (x-a)*(x-b),%o2[1];
(%o4)                    (x - 6) (x + 12)
(%i5) (x-a)*(x-b),%o2[2];
(%o5)                    (x - 6) (x + 12)
```

演習 16-1

次の式を因数分解して、その結果を計算機で検証しましょう。

(1) $x^2+4x-12$	(2) $x^2-16xy+48y^2$
(3) x^2+x-20	(4) $a^2-5a-24$

演習 16-2

次の式を因数分解しなさい。また、その結果を計算機で検証しなさい。

(1) $2x^2-17x-9$	(2) $3x^2+10xy+3y^2$
(3) $6a^2+a-2$	(4) $15a^2-8ab-12b^2$

■演習の解答

演習16-1 (1) $(x-2)(x+6)$ (2) $(x-12y)(x-4y)$ (3) $(x-4)(x+5)$
(4) $(a-8)(a+3)$

演習16-2 (1) $(x-9)(2x+1)$ (2) $(x+3y)(3x+y)$ (3) $(2a-1)(3a+2)$
(4) $(3a+2b)(5a-6b)$

4-8 式の次数と係数

次の式について、[ ]内の文字に着目するとき、次数(最高次数)とその係数を求めてください。また、その結果を計算機で検証してみましょう。(高1)

(1) $2x$ $[x]$	(2) $8x^2y^3$ $[y]$	(3) $(2x+3)^2$ $[x]$

【使う要素】

- ・coeff　変数の係数を求める関数
- ・hipow　変数の最高次数を求める関数
- ・ratcoef　式を簡易化した上で変数の係数を求める関数

■方針

次数と係数の計算は、プログラムを作る際に必要になります。
また、自動簡易化の機能の有無についても確認します。

■検証

(1) $2x$ $[x]$

hipow関数を用いて、xの最高次数を求めます。
まず、第1引数に式$2x$を、第2引数に変数xを代入します。

```
(%i1) hipow(2*x,x);
(%o1)                          1
```

次に、coeff関数を用いて、xの係数を求めます。
第1引数に式$2x$を、第2引数に変数xを代入します。

```
(%i2) coeff(2*x,x);
(%o2)                          2
```

よって、答えは最高次数が1、係数が2になります。

(2) $8x^2y^3$ $[y]$

hipow関数を用いて、yの最高次数を求めます。

```
(%i3) hipow(8*x^2*y^3,y);
(%o3)                          3
```

次に、coeff関数を用いて、yの係数を求めます。

```
(%i4) coeff(8*x^2*y^3,y);
(%o4)                         0
```

これは明らかに誤りです。

正しくは、1次の場合を除き、次のように第3引数で次数を指定する必要があります。

※第2引数を y^3 のように次数を含めた形にして計算することも可能です

```
(%i5) coeff(8*x^2*y^3,y,3);
(%o5)                        8x^2
```

よって、答えは 最高次数が**3**、係数が$\boldsymbol{8x^2}$になります。

(3) $(2x+3)^2$ $[x]$

hipow関数に式を代入し、xの最高次数を求めます。

```
(%i6) hipow((2*x+3)^2,x);
(%o6)                         1
```

これは明らかに誤りです。

このhipow関数には式を簡易化する機能がないので、expand関数で式を展開してから代入します。

```
(%i7) hipow(expand((2*x+3)^2),x);
(%o7)                         2
```

coeff関数に式を代入し、x^2の係数を求めます。

```
(%i8) coeff((2*x+3)^2,x,2);
(%o8)                         0
```

これも明らかに誤りです。

このcoeff関数にも式を簡易化する機能がないので、expand関数で式を展開してから代入します。

```
(%i9) coeff(expand((2*x+3)^2),x,2);
(%o9)                         4
```

なお、ratcoef関数の場合には、式を簡易化した上で係数を返します。

```
(%i10) ratcoef((2*x+3)^2,x,2);
(%o10)                        4
```

よって、答えは最高次数が2、係数が4になります。

演習 17-1

次の式について、[ ]内の文字に着目するとき、次数（最高次数）とその係数を求め、その結果を計算機で検証しなさい。

(1) x $[x]$	(2) $-4y$ $[y]$
(3) $\frac{z^2}{2}$ $[z]$	(4) $6x^3y^2$ $[x]$
(5) $\frac{2}{3}a^2b^3xy^2$ $[a]$	(6) $-\frac{1}{5}x^2ya^2b^4c$ $[b]$

演習 17-2

次の式について、[ ]内の文字に着目するとき、次数（最高次数）とその係数を求めなさい。また、その結果を計算機で検証しなさい。

(1) $(3x+1)^2$ $[x]$	(2) $(x-y^2)(x+y^2)$ $[y]$
(3) $\left(3x+\frac{1}{2x}\right)^2$ $[x]$	(4) $\left(\frac{y}{x}+1\right)(xy^2+2y)$ $[y]$

■演習の解答

演習17-1　(1) 次数1 係数1　(2) 次数1 係数−4　(3) 次数2 係数 $\frac{1}{2}$
(4) 次数3 係数 $6y^2$ (5) 次数2 係数 $\frac{2}{3}b^3xy^2$
(6) 次数4 係数 $-\frac{1}{5}x^2ya^2c$

演習17-2　(1) 次数2 係数9　(2) 次数4 係数 -1　(3) 次数2 係数9
(4) 次数3 係数1

4-9 平方根の計算(1)

次の計算をして、その結果を計算機で検証してみましょう(中学校)。

(1) $\sqrt{64}$　(2) $\left(-\sqrt{6}\right)^2$　(3) $\sqrt{2}\times\sqrt{5}$

(4) $\dfrac{\sqrt{15}}{\sqrt{3}}$　(5) $\sqrt{3}+\sqrt{12}$　(6) $\left(\sqrt{2}+\sqrt{7}\right)^2$

【使う要素】

・algebraic	平方根を含む式の簡易化を制御する大域変数
・rat	指数部の分数を整数に直す関数
	algebraic による簡易化を有効にする関数
・rootscontract	平方根の積をまとめる関数
・sqrt	平方根を与える関数

■検証

(1) $\sqrt{64}$

sqrt 関数を用いて、平方根の計算をします。

```
(%i1) sqrt(64);
(%o1)                           8
```

よって、答えは8になります。

(2) $\left(-\sqrt{6}\right)^2$

sqrt 関数を用いて、平方根の計算をします。式全体が2乗されるように括弧で括ってください。

```
(%i2) (-sqrt(6))^2;
(%o2)                           6
```

よって、答えは6になります。

(3) $\sqrt{2}\times\sqrt{5}$

式をそのまま入力します。

```
(%i3) sqrt(2)*sqrt(5);
(%o3)                  sqrt(2) sqrt(5)
```

何も変化はないようです。

この直前出力をrootscontract関数に代入し、平方根の積をまとめます。

```
(%i4) rootscontract(%);
(%o4)                          sqrt(10)
```

よって、答えは$\sqrt{10}$になります。

(4) $\frac{\sqrt{15}}{\sqrt{3}}$

式をそのまま入力します。

```
(%i5) sqrt(15)/sqrt(3);
                                  sqrt(15)
(%o5)                             --------
                                  sqrt(3)
```

何も変化はないようです。

この直前出力をrootscontract関数に代入し、平方根の積（ここでは商）をまとめます。

```
(%i6) rootscontract(%);
(%o6)                          sqrt(5)
```

よって、答えは$\sqrt{5}$になります。

(5) $\sqrt{3}+\sqrt{12}$

式をそのまま入力します。

```
(%i7) sqrt(3)+sqrt(12);
(%o7)                          3^(3/2)
```

指数部が分数になっていますが、これは高校数学Ⅱの「指数の拡張」で学習する内容です。
もし「指数の拡張」を学習していない場合には、次のようにrat関数で処理をするといいでしょう。

```
(%i8) rat(%);
(%o8)/R/                       sqrt(3)^3
```

これで、指数部の分数を回避することができました※。

※この方法は、平方根の場合でのみ有効です。

あとは、上の直前出力をev関数(省略)に代入し、平方根を含む式の簡易化を制御する大域変数のalgebraicを引数に指定します。

```
(%i9) %,algebraic;
(%o9)/R/                    3 sqrt(3)
```

よって、答えは$3\sqrt{3}$になります。

(6)$\left(\sqrt{2}+\sqrt{7}\right)^2$

式をそのまま入力します。

```
(%i10) (sqrt(2)+sqrt(7))^2;
(%o10)                  (sqrt(7) + sqrt(2))^2
```

この直前出力をexpand関数に代入し、式を展開します。

```
(%i11) expand(%);
(%o11)                  2^(3/2) sqrt(7) + 9
```

この直前出力をrat関数に代入し、平方根を含む式の簡易化を制御するalgebraicを有効にします。

```
(%i12) rat(%),algebraic;
(%o12)/R/           2 sqrt(2) sqrt(7) + 9
```

この直前出力をrootscontract関数に代入し、平方根の積をまとめます。

```
(%i13) rootscontract(%);
(%o13)                    2 sqrt(14) + 9
```

よって、答えは$2\sqrt{14}+9$になります。

演習 18-1

次の計算をして、その結果を計算機で検証しましょう。

(1) $\sqrt{49}$	(2) $\left(-2\sqrt{2}\right)^2$	(3) $\sqrt{2}\times\sqrt{6}$
(4) $\sqrt{32}-\sqrt{8}$	(5) $\dfrac{\sqrt{75}}{\sqrt{5}}$	(6) $\sqrt{8}+\dfrac{3}{\sqrt{2}}$

演 習 18-2

次の計算をして、その結果を計算機で検証しましょう。

(1) $2\sqrt{3}-5\sqrt{3}$　　(2) $2\sqrt{5}+\sqrt{125}-\sqrt{45}$

(3) $\left(2\sqrt{3}+\sqrt{6}\right)^2$　　(4) $\left(3\sqrt{2}+\sqrt{5}\right)\left(2\sqrt{2}-3\sqrt{5}\right)$

■演習の解答

演習18-1　(1) 7　(2) 8　(3) $2\sqrt{3}$　(4) $2\sqrt{2}$　(5) $\sqrt{15}$　(6) $\frac{7\sqrt{2}}{2}$

演習18-2　(1) $-3\sqrt{3}$　(2) $4\sqrt{5}$　(3) $12\sqrt{2}+18$　(4) $-7\sqrt{10}-3$

4-10 平方根の計算(2)

次の計算をして、その結果を計算機で検証してみましょう。(高1)

(1) $\dfrac{1}{\sqrt{3}+2}$　　(2) $\dfrac{\sqrt{3}+\sqrt{2}}{\sqrt{3}-\sqrt{2}}$

【使う要素】

・algebraic	[検証 ①・②] 平方根を含む式の簡易化を制御する大域変数
・denom	[検証 ②] 分数の分母を返す関数
・num	[検証 ②] 分数の分子を返す関数
・rat	[検証 ①] 指数部の分数を整数に直す関数 algebraic による簡易化を有効にする関数
・rootscontract	[検証 ①] 平方根の積をまとめる関数
・sqrt	[検証 ①・②] 平方根を与える関数

■方針

検証①は、一般的な方法で解いてみます。

検証②では、(1) を例に、手計算による分母の有理化の方法を計算機上で再現します。

数学やコンピュータの得意な人向けになりますが、数学の苦手な人もチャレンジしてみてください。

今まで分数の計算が苦手だった人にとっては、それを体得するきっかけになるかもしれません。

■検証①

(1) $\frac{1}{\sqrt{3}+2}$

式をそのまま入力します。

```
(%i1) 1/(sqrt(3)+2);
                                     1
(%o1)                           -----------
                                sqrt(3) + 2
```

この直前出力を rat 関数に代入します。

```
(%i2) rat(%);
                                     1
(%o2)/R/                        -----------
                                sqrt(3) + 2
```

「/R/」が付いた以外に変化はありません。

この直前出力を ev 関数(省略)に代入し、algebraic を引数に指定します。

```
(%i3) %,algebraic;
(%o3)/R/                 - sqrt(3) + 2
```

よって、答えは $2-\sqrt{3}$ になります。

(%i2) における rat 関数の処理では、出力に「/R/」が付いた以外に変化がありませんが、実はこの「/R/」を付けることが重要です。

ここで、rat関数で処理せずに algebraic を有効にした場合について確認します。

```
(%i4) 1/(sqrt(3)+2);
                                     1
(%o4)                           -----------
                                sqrt(3) + 2
(%i5) %,algebraic;
                                     1
(%o5)                           -----------
                                sqrt(3) + 2
```

簡易化されていません。今回のように algebraic を有効にして平方根を含む式の簡易化をする場合には、rat 関数で処理をして「/R/」をつけておく必要があります。

(2) $\dfrac{\sqrt{3}+\sqrt{2}}{\sqrt{3}-\sqrt{2}}$

式をそのまま入力します。

```
(%i6) (sqrt(3)+sqrt(2))/(sqrt(3)-sqrt(2));
                      sqrt(3) + sqrt(2)
(%o6)                 -----------------
                      sqrt(3) - sqrt(2)
```

この直前出力をrat 関数に代入します。

```
(%i7) rat(%);
                      sqrt(3) + sqrt(2)
(%o7)/R/              -----------------
                      sqrt(3) - sqrt(2)
```

「/R/」が付いた以外に変化はありません。

この直前出力をev 関数(省略)に代入し、algebraic を引数に指定します。

```
(%i8) %,algebraic;
(%o8)/R/          2 sqrt(2) sqrt(3) + 5
```

この直前出力をrootscontract 関数に代入し、平方根の積をまとめます。

```
(%i9) rootscontract(%);
(%o9)                 2 sqrt(6) + 5
```

よって、答えは $2\sqrt{6}+5$ になります。

■検証②

(1) $\dfrac{1}{\sqrt{3}+2}$

まず最初に、教科書に解説されている「分子と分母の両方に $\sqrt{3}-2$ を掛ける方法」で分母を有理化できるのかを確認します。

```
(%i1) (1*(sqrt(3)-2))/((sqrt(3)+2)*(sqrt(3)-2));
                          1
(%o1)                -----------
                     sqrt(3) + 2
```

自動簡易化の機能が邪魔をするようなので、別の方法を考えてみます。

まず最初に、a に $\frac{1}{\sqrt{3}+2}$ を割り当てます。

```
(%i2) a:1/(sqrt(3)+2)$
```

ここからは、分子と分母を別々に計算します。

計算の方法ですが、分子に関する計算を前に、分母に関する計算を後ろに配置し、その2つをセミコロン「；」でつなぎます。

すると、出力が2行連続して表示され、分子の計算結果が上に、分母の計算結果が下に表示されることになります。

このように処理することで、出力を分数に見せかけることが可能です。

では、実際に計算をしてみましょう。

a の分子(numerator)と分母(de-nominator)をそれぞれ num 関数と denom 関数を用いて取り出し、それを na と da に割り当てます。

```
(%i3) na:num(a);da:denom(a);
(%o3)                           1
(%o4)                     sqrt(3) + 2
```

分子と分母の両方に $\sqrt{3}-2$ を掛け、それを再度 na と da に割り当てます。

これは、式の割り当ての機能を履歴として利用する方法で、このようにすることで最新の分子と分母の値が常に na と da に割り当てられている状態になります。

```
(%i5) na:na*(sqrt(3)-2);da:da*(sqrt(3)-2);
(%o5)                     sqrt(3) - 2
(%o6)           (sqrt(3) - 2) (sqrt(3) + 2)
```

分子と分母の両方を expand 関数に代入して式を展開し、それを再度 na と da に割り当てます。

```
(%i7) na:expand(na);da:expand(da);
(%o7)                     sqrt(3) - 2
(%o8)                          - 1
```

分母が有理数になったので、ここで元の分数に戻します。

```
(%i9) na/da;
(%o9)                     2 - sqrt(3)
```

よって、答えは $2-\sqrt{3}$ になります。

もし (%i3)〜(%o8) が分数の計算をしているように見えない場合には、(頭の中で) 次のように出力行の間に横線を引いてみてください。

```
(%i3) na:num(a);da:denom(a);
(%o3)                    1
                   ─────────────
(%o4)               sqrt(3) - 2
(%i5) na:na*(sqrt(3)-2);da:da*(sqrt(3)-2);
(%o5)               sqrt(3) - 2
              ───────────────────────────
(%o6)         (sqrt(3) - 2) (sqrt(3) + 2)
(%i7) na:expand(na);da:expand(da);
(%o7)               sqrt(3) - 2
                   ─────────────
(%o8)                   - 1
```

演習 19-1

次の式の分母を有理化して、その結果を計算機で検証しましょう。

(1) $\dfrac{1}{\sqrt{5}-\sqrt{2}}$　　(2) $\dfrac{\sqrt{5}-\sqrt{3}}{\sqrt{5}+\sqrt{3}}$

(3) $\dfrac{1}{1+\sqrt{2}}-\dfrac{1}{1-\sqrt{2}}$　　(4) $\dfrac{\sqrt{5}+\sqrt{3}}{\sqrt{5}-\sqrt{3}}-\dfrac{\sqrt{3}+\sqrt{2}}{\sqrt{3}-\sqrt{2}}$

演習 19-2

(2)の $\dfrac{\sqrt{3}+\sqrt{2}}{\sqrt{3}-\sqrt{2}}$ の分数について、検証②にあるような手計算をMaxima上で再現する方法で分母を有理化してみましょう。

演習 19-3

分数の分子と分母の間に引く括線(かっせん)のことを、英語では vinculum、fraction bar と呼ぶようです。

検証 ② の最後ではその括線を頭の中で引くようにと書きましたが、手間を惜しまないのであれば、下の出力にあるように目で見えるような形にすることも可能です。

括線を描画する関数 Fracbar を作成し、その自作関数をいつでも呼び出せるようシステムを設定してみましょう。

もちろん、必要に応じてマニュアル等を参照していただいてかまいません。

```
(%i1) a:1/(sqrt(3)+2)$
(%i2) na:num(a);Fracbar;da:denom(a);
(%o2)                        1
(%o3)          ------------------------------
(%o4)                   sqrt(3) + 2
(%i5) na:na*(sqrt(3)-2);Fracbar;da:da*(sqrt(3)-2);
(%o5)                   sqrt(3) - 2
(%o6)          ------------------------------
(%o7)            (sqrt(3) - 2) (sqrt(3) + 2)
(%i8) na:expand(na);Fracbar;da:expand(da);
(%o8)                   sqrt(3) - 2
(%o9)          ------------------------------
(%o10)                      - 1
```

【仕様書】

- Fracbar という名前は、各自で自由に設定していただいて構いません。
- 括線の長さや文字の形状は、各自で自由に設定してください。
- 上の例では Fracbar は引数を必要としない関数、いわば変数として定義していますが、その辺は各自で自由に設定してください。

■演習の解答

演習 19-1　(1) $\frac{\sqrt{5}+\sqrt{2}}{3}$　(2) $4-\sqrt{15}$　(3) $2\sqrt{2}$　(4) $\sqrt{15}-2\sqrt{6}-1$

演習 19-2　省略

演習 19-3

```
Fracbar:"--------"$
```

4-11 1次方程式

次の方程式を解いて、その結果を計算機で検証してみましょう。(中学校)

(1) $3x-6=2x-1$　　(2) $\frac{1}{3}x-2=\frac{x-2}{2}$

【使う要素】

・solve [検証①] 方程式を解く関数

■方針

検証①では、solve 関数を用いて方程式を解きます。

この方法は途中の計算を確認することができないので教育には適していませんが、解き方としてはもっとも一般的ではないかと思います。

まずは、こちらの方法を習得しましょう。

検証②は、式変形で解答を導き、従来の手計算の方法が計算機上でも再現可能であることを確認します。

手計算の検証をする際には、こちらが参考になるかと思います。

検証①の方法より難しいので、数学やコンピュータが得意な人向けの内容です。

■検証①

(1) $3x-6=2x-1$

solve 関数を用いて方程式を解きます。

solve 関数の第 1 引数には方程式 $3x-6=2x-1$ を、第 2 引数には変数 x を代入します。

```
(%i1) solve(3*x-6=2*x-1,x);
(%o1)                        [x = 5]
```

よって、答えは$\boldsymbol{x=5}$になります。

(2) $\frac{1}{3}x-2=\frac{x-2}{2}$

solve 関数を用いて方程式を解きます。

```
(%i2) solve((1/3)*x-2=(x-2)/2,x);
(%o2)                          [x = - 6]
```

よって、答えはx=−6になります。
なお、慣れてきたら次のように分数を括弧で括るのを省いても構いません。

```
(%i3) solve(1/3*x-2=(x-2)/2,x);
(%o3)                          [x = - 6]
```

■検証②

(1) $3x-6=2x-1$

f_1に$3x-6=2x-1$を割り当てます。

```
(%i1) f1:3*x-6=2*x-1$
```

f_1の両辺から$2x$を引き、右辺にある$2x$を左辺に移項します。

```
(%i2) f1-2*x;
(%o2)                        x - 6 = - 1
```

この直前出力の両辺に6を足し、左辺にある‐6を右辺に移項します。

```
(%i3) %+6;
(%o3)                           x = 5
```

よって、答えは$x=5$になります。

(2) $\frac{1}{3}x-2=\frac{x-2}{2}$

計算機上で多様な表現方法で計算が可能であることを確認します。
ここでは、「分数を早い段階で消去する方法」と「分数を残したまま計算をする方法」の2通りで計算してみたいと思います。

まずは、分数を早い段階で消去する方法です。

f_2に$\frac{1}{3}x-2=\frac{x-2}{2}$を割り当てます。

```
(%i4) f2:(1/3)*x-2=(x-2)/2$
```

f_2 の両辺に、両辺の分母の最小公倍数となる6 を掛けます。

```
(%i5) f2*6;
                              x
(%o5)                    6 (--- - 2) = 3 (x - 2)
                              3
```

この直前出力をexpand 関数を代入し、式を展開します。

```
(%i6) expand(%);
(%o6)                 2 x - 12 = 3 x - 6
```

これで分数がなくなりました。
上の直前出力の両辺から$3x$ を引き、右辺の$3x$ を左辺に移項します。

```
(%i7) %-3*x;
(%o7)                    - x - 12 = - 6
```

この直前出力の両辺に12 を足し、左辺の -12 を右辺に移項します。

```
(%i8) %+12;
(%o8)                       - x = 6
```

この直前出力の両辺を −1 で割り、x の係数を1 にします。

```
(%i9) %/(-1);
(%o9)                       x = - 6
```

よって、答えはx=−6 になります。
次は、分数を残したまま計算をします。
f_2 をexpand 関数を代入し、式を展開します。

```
(%i10) expand(f2);
                           x         x
(%o10)                    --- - 2 = --- - 1
                           3         2
```

この直前出力の左辺の2 を右辺に、右辺の$\frac{x}{2}$を左辺に移項します。

```
(%i11) %-x/2+2;
                                 x
(%o11)                        - --- = 1
                                 6
```

さらに、直前出力の両辺を −6 を掛け、x の係数を1 にします。

```
(%i12) %*(-6);
(%o12)                      x = - 6
```

このように、どちらの方法でも望む通りの計算をすることが可能です。

演習 20-1

次の方程式を解き、その結果を計算機で検証しましょう。

(1) $4x = x + 24$　　(2) $5(x-3) = 3(x-4)$

(3) $\dfrac{x-4}{3} = \dfrac{1}{2}x - 5$　　(4) $\dfrac{x-1}{2} + \dfrac{x-2}{3} + \dfrac{x-7}{6} = -1$

演習 20-2

次の方程式を解き、その結果を計算機で検証しましょう。

(1) $3(x+3) - 4\{-2(x-22) + x - 32\} = -3(5x-1) + 2$

(2) $\dfrac{8x-10}{3} + \dfrac{x-17}{4} + \dfrac{4}{3} = \dfrac{3x+10}{3}$

■演習の解答

演習 20-1　(1) $x = 8$　(2) $x = \dfrac{3}{2}$　(3) $x = 22$　(4) $x = \dfrac{4}{3}$

演習 20-2　(1) $x = 2$　(2) $x = 5$

4-12 連立方程式

次の方程式を解いて、その結果を計算機で検証してみましょう。(中学校)

(1) $\begin{cases} x-2y=5 \\ x-y=3 \end{cases}$ (2) $\begin{cases} x+y+z=4 \\ -x-2y+3z=-11 \\ 2x-y+2z=-1 \end{cases}$

【使う要素】

・[ ]	[検証①] リストで用いる角括弧
・solve	[検証①] 方程式を解く関数

■方針

検証①では、solve 関数を用いて方程式を解きます。

この方法は途中の計算を確認することができないので教育には適していませんが、解き方としてはもっとも一般的ではないかと思います。

まずは、こちらの方法を習得しましょう。

検証②は、式変形で解答を導き、従来の手計算の方法が計算機上でも再現可能であることを確認します。

手計算の検証をする際には、こちらが参考になるかと思います。

検証①の方法より難しいので、数学やコンピュータが得意な人向けの内容です。

■検証①

(1) $\begin{cases} x-2y=5 \\ x-y=3 \end{cases}$

solve 関数を用いて、連立方程式を解きます。

今回のように式や変数が複数ある場合には、それを角括弧「[ ]」で括り、リストにします。

solve 関数の第 1 引数には 2 つの方程式をリストにしたもの、第2引数には 2 つの変数をリストにしたものを代入します。

```
(%i1) solve([x-2*y=5,x-y=3],[x,y]);
(%o1)                [[x = 1, y = - 2]]
```

よって、答えはx=1、$y=-2$になります。

(2) $\begin{cases} x+y+z=4 \\ -x-2y+3z=-11 \\ 2x-y+2z=-1 \end{cases}$

solve 関数を用いて、連立方程式を解きます。

solve 関数の第1引数には3つの方程式をリストにしたもの、第2引数には3つの変数をリストにしたものを代入します。

```
(%i2) solve([x+y+z=4,-x-2*y+3*z=-11,2*x-y+2*z=-1],[x,y,z]);
(%o2)               [[x = 2, y = 3, z = - 1]]
```

よって、答えはx=2、y=3、z=−1になります。

■検証②

中学校では、連立方程式の解き方として「加減法」と「代入法」の2つを学習したかと思います。

ここでは、その計算方法が計算機上で再現可能であることを確認します。

例として、(1) を加減法で、(2) を代入法で解いてみたいと思います。

(1) $\begin{cases} x-2y=5 \\ x-y=3 \end{cases}$

f_1に $x-2y=5$ を、f_2に $x-y=3$ を割り当てます。

```
(%i1) f1:x-2*y=5$
(%i2) f2:x-y=3$
```

f_2 から f_1 を引き、左辺にある x を消去します(この部分が加減法になります)。

```
(%i3) f2-f1;
(%o3)                          y = - 2
```

f_2 にこの直前出力を代入します。

```
(%i4) f2,%;
(%o4)                        x + 2 = 3
```

この直前出力の両辺から2を引き、左辺にある2を右辺に移項します。

```
(%i5) %-2;
(%o5)                          x = 1
```

よって、答えは $x=1$、$y=-2$ になります。

(2) $\begin{cases} x+y+z=4 \\ -x-2y+3z=-11 \\ 2x-y+2z=-1 \end{cases}$

---

g_1 に $x+y+z=4$ を、g_2 に $-x-2y+3z=-11$ を、g_3 に $2x-y+2z=-1$ を割り当てます。

```
(%i6) g1:x+y+z=4$
(%i7) g2:-x-2*y+3*z=-11$
(%i8) g3:2*x-y+2*z=-1$
```

g_1 の両辺から $x+y$ を引き、左辺にある $x+y$ を右辺に移項します。すると、左辺に z が残ります。

```
(%i9) g1-(x+y);
(%o9)                    z = - y - x + 4
```

g_2 と g_3 にこの直前出力を代入し、それを expand 関数で展開したものをそれぞれ g_{21} と g_{31} に割り当てます(この部分が代入法になります)。

```
(%i10) g2,%;
(%o10)       - 2 y + 3 (- y - x + 4) - x = - 11
(%i11) g21:expand(%);
(%o11)              - 5 y - 4 x + 12 = - 11
(%i12) g3,%o9;
(%o12)       - y + 2 (- y - x + 4) + 2 x = - 1
(%i13) g31:expand(%);
(%o13)                   8 - 3 y = - 1
```

g_{31} から8を引き、その結果を y の係数の -3 で割ります。

```
(%i14) g31-8;
(%o14)                    - 3 y = - 9
(%i15) %/(-3);
(%o15)                       y = 3
```

g_{21} にこの直前出力を代入します。

```
(%i16) g21,%;
(%o16)                 - 4 x - 3 = - 11
```

この直前出力の両辺に3を足し、その結果を x の係数の -4 で割ります。

```
(%i17) %+3;
(%o17)                    - 4 x = - 8
(%i18) %/(-4);
(%o18)                       x = 2
```

(%o9) に (%o18) と (%o15) で求めた $x=2$ と $y=3$ を代入します。

```
(%i19) %o9,%o18,%o15;
(%o19)                     z = - 1
```

よって、答えは$\boldsymbol{x}$=2、$\boldsymbol{y}$=3、$\boldsymbol{z}$=−1になります。

演　習　21-1

次の連立方程式を解いて、その結果を計算機で検証しましょう。

(1) $\begin{cases} 2x-y=7 \\ -2x+3y=9 \end{cases}$　(2) $\begin{cases} 3x+5y=-2 \\ 5x+3y=2 \end{cases}$

(3) $\begin{cases} 3x+2y=1 \\ 5x-y=19 \end{cases}$　(4) $\begin{cases} \dfrac{2}{3}x+\dfrac{1}{2}y=\dfrac{1}{2} \\ \dfrac{1}{4}x+y=\dfrac{11}{24} \end{cases}$

演　習　21-2

次の連立方程式を解いて、その結果を計算機で検証しましょう。

(1) $\begin{cases} x+y-z=7 \\ x-y+z=1 \\ -x+y+z=-5 \end{cases}$　(2) $\begin{cases} 2x-3y-z=3 \\ 5x+2y-3z=-3 \\ 2x-4y-5z=-4 \end{cases}$

■演習の解答

演習 21-1　(1) $x=\dfrac{15}{2}, y=8$　(2) $x=1, y=-1$　(3) $x=3, y=-4$

(4) $x=\dfrac{1}{2}, y=\dfrac{1}{3}$

演習 21-2　(1) $x=4, y=1, z=-2$　(2) $x=1, y=-1, z=2$

4-13 中① 関数のグラフ

次の関数のグラフを作成し、最大値と最小値を求めます。
さらに、その結果を計算機で検証してみましょう。

(1) $y=-2x+1$ (2) $y=x^2-4x+5$ $(0 \leqq x \leqq 4)$

【使う要素】

・plot2d	2次元のグラフを作成する関数

■検証

(1) $y=-2x+1$

plot2d関数を用いてグラフを作ります。

関数の第1引数には式 $-2x+1$ を、第2引数には x の定義域 $-1 \leqq x \leqq 1$ を[変数,下限値,上限値]の順にリストにして代入します。

```
(%i1) plot2d(-2*x+1,[x,-1,1]);
```

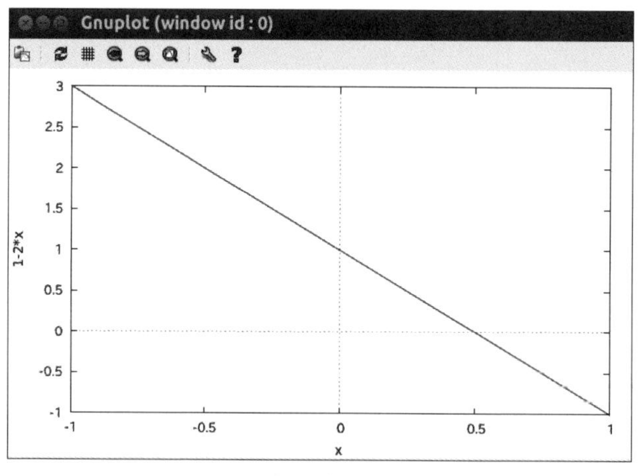

図4-1 $y=-2x+1(-1 \leqq x \leqq 1)$ のグラフ

よって、グラフより答えは「x＝－1のとき最大値3、x＝1のとき最小値－1」になります。

plot2d 関数で作ったグラフは先生が黒板に描くようなグラフにはならないので、見慣れるまでに多少時間がかかります。

また、変数の定義域を省略することができないので、事前にグラフの概形を理解できている必要があります。

今回は x の定義域が与えられているので問題はありませんが、そうでない場合には事前におおまかな定義域をヒントとして提示する必要があるかもしれません。

(2) $y = x^2 - 4x + 5 \quad (0 \leqq x \leqq 4)$

もし Maxima が入力を受け付けない状態になっている場合には、(1) で作成したグラフを閉じてください。
すると、プロンプトが戻り、入力可能な状態になります。

では、plot2d 関数を用いてグラフを作成します。関数の第 1 引数には式 $x^2 - 4x + 5$を、第 2 引数には x の定義域 0 ≦ x ≦ 4 をリストにして代入します。

```
(%i2) plot2d(x^2-4*x+5,[x,0,4]);
```

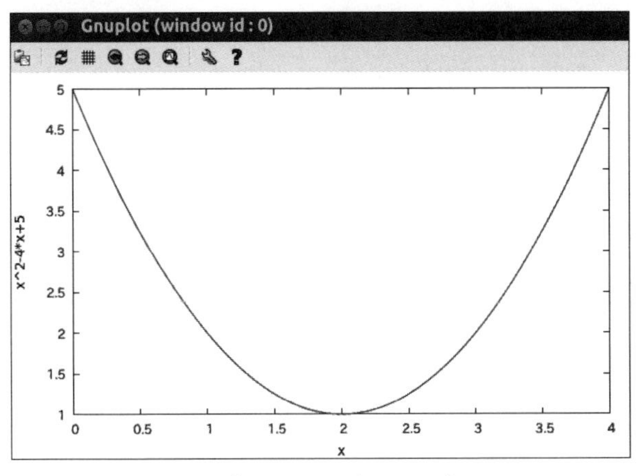

図4-2 $y = x^2 - 4x + 5 \quad (0 \leqq x \leqq 4)$ **のグラフ**

よって、グラフより答えは「x = 0、4 のとき最大値 5 、x = 2 のとき最小値 1」

になります。

演習 22

次の関数のグラフを作り、最大値と最小値を求め、その結果を計算機で検証しましょう。

(1) $y=2x-1 \quad (-2 \leqq x \leqq 2)$ (2) $y=\frac{1}{2}x^2 \quad (-2 \leqq x \leqq 4)$

(3) $y=-3x+1 \quad (-1 \leqq x \leqq 1)$ (4) $y=-2x^2+4x+1 \quad (-1 \leqq x \leqq 3)$

■演習の解答

省略

4-14 2次方程式…因数分解の利用

次の2次方程式を解いて、その結果を計算機で検証してみましょう(中学校、高1)。

(1) $x^2-5x+4=0$ (2) $2x^2+7x+5=0$

【使う要素】

・equal	[検証③] 同値性を表現する関数
・pred	[検証③] ev 関数を用いて結論の真偽を判定する際の引数

■方針

ここでは、因数分解を利用して2次方程式が解ける場合について扱います。

検証①は、solve 関数を用いて解きます。こちらの方法が一般的です。

検証②は、(1)を例に、factor 関数を用いて式を因数分解し、その結果をもとに解の判定をします。

こちらは、積の性質(AB＝0ならば、A＝0またはB＝0)を使用した教育的な内容になります。

検証③は、**検証②**をさらに一歩進めて、Maximaに解の判定をさせてみます。

■検証①

(1) $x^2-5x+4=0$

solve 関数を用いて 2 次方程式を解きます。

```
(%i1) solve(x^2-5*x+4=0,x);
(%o1)                    [x = 1, x = 4]
```

よって、答えは $x=1$、$x=4$ になります。

(2) $2x^2+7x+5=0$

solve 関数を用いて 2 次方程式を解きます。

```
(%i2) solve(2*x^2+7*x+5=0,x);
                                   5
(%o2)                       [x = - - , x = -1]
                                   2
```

よって、答えは $x=-\frac{5}{2}$、$x=-1$ になります。

■検証②

著者が中学生だった頃、2 次方程式の最初の授業で積の性質を利用して解を求めることを学習したと記憶しています。

ここでは、(1) を例に、積の性質を利用して 2 次方程式の解を求めてみたいと思います。

(1) $x^2-5x+4=0$

次のように f_1 に式を割り当てます。

```
(%i1) f1:x^2-5*x+4$
```

f_1 を factor 関数に代入し、式を因数分解します。

```
(%i2) factor(f1);
(%o2)                  (x - 4) (x - 1)
```

$x=1$ と $x=4$ が解の候補になりそうです。

それでは f_1 に $x=1$ と$x=4$ を代入してみます。

```
(%i3) f1,x=1;
```

```
(%o3)                          0
(%i4) f1,x=4;
(%o4)                          0
```

$f_1=0$ を満たします。よって、答えは $\boldsymbol{x}=1$、$\boldsymbol{x}=4$ になります。

■検証③

検証②からさらに一歩進めて、(2) を例にMaximaに解の判定をさせてみます。

(2) $2x^2+7x+5=0$

次のように、f_2 に式を割り当てます。

```
(%i1) f2:2*x^2+7*x+5$
```

f_2 を factor 関数に代入し、式を因数分解します。

```
(%i2) factor(f2);
(%o2)                    (x + 1) (2 x + 5)
```

$x=-\dfrac{5}{2}$ と $x=-1$ が解の候補になりそうです。

それでは、ev 関数で pred を引数に指定し、Maximaに解の判定をさせてみます。

同値性を判定する際には、equal 関数を用いて論理式で表現してください。

```
(%i3) ev(equal(f2,0),x=-1,pred);
(%o3)                         true
(%i4) ev(equal(f2,0),x=-5/2,pred);
(%o4)                         true
```

よって、答えは $\boldsymbol{x}=-1$、$\boldsymbol{x}=-\dfrac{5}{2}$ になります。

この**検証**③の方法は、分数方程式や無理方程式など、最後に解の判定をする必要がある場合に特に有効です。

演習 23

次の2次方程式を解いて、その結果を計算機で検証しましょう。

(1) $x^2-4x+3=0$　(2) $x^2-12x+36=0$
(3) $9x^2-4=0$　(4) $3x^2-7x-6=0$

■演習の解答

演習 23 (1) $x=3,1$ (2) $x=6$ (3) $x=\pm\frac{2}{3}$ (4) $x=3,-\frac{2}{3}$

4-15 2次方程式…解の公式の利用

次の2次方程式を解いて、その結果を計算機で検証してみましょう。(中学校・高1)

(1) $x^2-2x-4=0$　(2) $x^2-3x+1=0$

■方針

ここでは、2次方程式を解く際に、解の公式が必要となる場合を扱います。

検証①は、solve関数を用いて解きます。こちらの方法が一般的です。

検証②では、(1)を例に、解の公式を用いて解きます。こちらは、教育を目的とした内容になります。

■検証①

(1) $x^2-2x-4=0$

solve関数を用いて2次方程式を解きます。

```
(%i1) solve(x^2-2*x-4=0,x);
(%o1)        [x = 1 - sqrt(5), x = sqrt(5) + 1]
```

よって、答えは $\boldsymbol{x}=1\pm\sqrt{5}$ になります。

(2) $x^2 - 3x + 1 = 0$

solve 関数を用いて 2 次方程式を解きます。

```
(%i2) solve(x^2-3*x+1=0,x);

                      sqrt(5) - 3        sqrt(5) + 3
(%o2)         [x = - -------------, x = -------------]
                           2                  2
```

よって、答えは $x=\frac{3\pm\sqrt{5}}{2}$ になります。

■検証②

(1) $x^2 - 2x - 4 = 0$

solve 関数を用いて、2 次方程式 $ax^2 + bx + c = 0$ の解の公式を導きます。

```
(%i1) solve(a*x^2+b*x+c=0,x);

                    2                        2
              sqrt(b  - 4 a c) + b     sqrt(b  - 4 a c) - b
(%o1) [x = - ---------------------, x = ---------------------
                     2 a                       2 a
```

これで解の公式が求まりました。

上の直前出力に、$a=1$、$b=-2$、$c=-4$ を代入します。

```
(%i2) %,a=1,b=-2,c=-4;

                      2 sqrt(5) - 2        2 sqrt(5) + 2
(%o2)         [x = - ---------------, x = ---------------]
                            2                    2
```

この直前出力を rat 関数に代入し、分数を整理します。

```
(%i3) rat(%);
(%o3)/R/    [x = - sqrt(5) + 1, x = sqrt(5) + 1]
```

よって、答えは $x=1\pm\sqrt{5}$ になります。

演習 24-1

次の2次方程式を解いて、その結果を計算機で検証しましょう。

(1) $x^2+2x-4=0$	(2) $x^2-4x-2=0$
(3) $x^2+5x+1=0$	(4) $3x^2-4x-3=0$

演習 24-2

例題の検証②の (1) では、2次方程式の解の公式を solve 関数を使って求めました。

その解の公式を「手計算を計算機上で再現する方法」、つまりsolve系関数を使わずに式変形をすることで求めてみましょう。

もちろん、必要に応じてマニュアル等を参照していただいてかまいません。

■演習の解答

演習24-1　(1) $x=-1\pm\sqrt{5}$　(2) $x=2\pm\sqrt{6}$

(3) $x=\dfrac{-5\pm\sqrt{21}}{2}$　(4) $x=\dfrac{2\pm\sqrt{13}}{3}$

演習24-2　省略

第5章

数学の発展的内容

従来コンピュータを使って計算をしようは考えなかった意外性のある分野について、例題を示した上で簡単に紹介します。

紙と鉛筆を必要としない、Maxima の豊かな表現力を体験してみましょう。

5-1 集合の演算

9以下の自然数の集合を全体集合Uとし、その部分集合A、Bを$A=\{1,2,4,6,8\}$、$B=\{1,3,6,9\}$とするとき、次の集合を求めてください。

また、その結果を計算機で検証してみましょう。(高1)

(1) $A\cap B$	(2) $A\cup B$	(3) $\overline{A}$
(4) $\overline{B}$	(5) $A\cap \overline{B}$	(6) $\overline{A}\cup B$

【使う要素】

・{ }	集合で用いる波括弧
・intersection	共通部分を求める関数
・setdifference	補集合を求める関数
・union	和集合を求める関数

■方針

手計算で補集合を求める際には全体集合Uを特に意識することなく適当に処理していたと思いますが、計算機の場合にはそれは通用しないのでUを明確に定義する必要があります。

手計算で集合の計算をした場合には、ベン図を描くくらいしか確認の方法がなかったわけですが、これからは計算機で検証することも可能になります。

これは、数学の問題を作る立場におられる先生方にとっても、朗報かと思います。

集合演算をコンピュータで処理するのは初めて、という方が多いと思うので、ここでは暗算でも解けるような基本的な問題について計算例を示します。

■検証

事前にAとBに集合を割り当てておきます。

集合を表現する際には、{ }(波括弧)を使います。

```
(%i1) A:{1,2,4,6,8};
(%o1)                    {1, 2, 4, 6, 8}
(%i2) B:{1,3,6,9};
(%o2)                     {1, 3, 6, 9}
```

手計算では全体集合Uをそれほど意識せずに計算していたと思いますが、計算機で求める場合はそれを明確にしておく必要があります。

```
(%i3) U:{1,2,3,4,5,6,7,8,9};
(%o3)             {1, 2, 3, 4, 5, 6, 7, 8, 9}
```

(1) $A \cap B$

intersection 関数を用いて、AとBの共通部分を求めます。

```
(%i4) intersection(A,B);
(%o4)                               {1, 6}
```

よって、答えは{1, 6}になります。

(2) $A \cup B$

union 関数を用いて、AとBの和集合を求めます。

```
(%i5) union(A,B);
(%o5)                  {1, 2, 3, 4, 6, 8, 9}
```

よって、答えは{1, 2, 3, 4, 6, 8, 9}になります。

(3) $\overline{A}$

setdifference 関数は集合を除去するための関数です。

第１引数に自然数の集合U、第２引数に集合Aを指定することで、Aの補集合を求めることができます。

```
(%i6) setdifference(U,A);
(%o6)                    {3, 5, 7, 9}
```

よって、答えは{3, 5, 7, 9}になります。

(4) $\overline{B}$

同様にして、Bの補集合を求めます。

```
(%i7) setdifference(U,B);
(%o7)                  {2, 4, 5, 7, 8}
```

よって、答えは{2, 4, 5, 7, 8}になります。

(5) $A\cap\overline{B}$

(4)で求めたBの補集合とAを intersection 関数に代入し、共通部分を求めます。

```
(%i8) intersection(A,%o7);
(%o8)                      {2, 4, 8}
```

よって、答えは{2, 4, 8}になります。

(6) $\overline{A}\cup B$

(3)で求めたAの補集合とBを union 関数に代入し、和集合を求めます。

```
(%i9) union(%o6,B);
(%o9)                {1, 3, 5, 6, 7, 9}
```

よって、答えは{1, 3, 5, 6, 7, 9}になります。

演習 25

9以下の自然数の集合を全体集合Uとし、その部分集合A、Bを$A=\{1,4,5,7,9\}$、$B=\{2,4,6,7\}$とするとき、次の集合を求め、その結果を計算機で検証しましょう。

(1) $A\cap B$	(2) $A\cup B$	(3) $\overline{A}$
(4) $\overline{B}$	(5) $\overline{A}\cap\overline{B}$	(6) $\overline{A}\cap B$
(7) $A\cap\overline{B}$	(8) $\overline{A}\cup\overline{B}$	(9) $\overline{A}\cup B$

■演習の解答

演習25 (1) { 4, 7 } (2) { 1, 2, 4, 5, 6, 7, 9 } (3) { 2, 3, 6, 8 }
(4) { 1, 3, 5, 8, 9 } (5) { 3, 8 } (6) { 2, 6 } (7) { 1, 5, 9 }
(8) { 1, 2, 3, 5, 6, 8, 9 } (9) { 2, 3, 4, 6, 7, 8 }

5-2 命題の真偽

次の命題の真偽を調べて、その結果を計算機で検証してみましょう。(高1)

(1) xが 0 ならば$3x$は 0 である
(2) xが 1 ならばx^2+2x-3は 0 である
(3) xが 2 ならば $\dfrac{1}{x-1}$は 2 である

【使う要素】

- assume　仮定を登録する関数
- equal　同値性を表現する関数
- facts　登録されている仮定を表示する関数
- forget　登録されている仮定を消去する関数
- pred　ev 関数を用いて結論の真偽を判定する際の引数

■方針

論理式を計算機上で処理する方法について学習します。

これは、証明問題を解く場合だけでなく、絶対値の記号を外す、平方根の計算をする、などの場合にも有効です。

多くの人は、真偽の判定を計算機で処理しようとは考えたこともないかと思いますので、ここでは基本的な問題についての計算例を示すに留めることとします。

■検証

(1) xが 0 ならば$3x$は 0 である

assume 関数を用いて、「x が 0」という仮定を登録します。assume 関数には論理式を代入する必要があるので、$x=0$ ではなく equal(x,0) としてください。

```
(%i1) assume(equal(x,0));
(%o1)                    [equal(x, 0)]
```

facts 関数を用いて、登録されている仮定を表示します。

```
(%i2) facts();
(%o2)                    [equal(x, 0)]
```

正しく登録されています。

ev 関数で pred を引数に指定し、「$3x$ は 0」という結論の真偽を判定します。ev 関数に、$3x=0$ ではなく論理式の equal($3x$,0) を代入します※。

```
(%i3) ev(equal(3*x,0),pred);
(%o3)                         true
```

よって、答えは **真** になります。

※ equal関数を使うと、ratsimp関数による処理が入ります。
　興味のある人は、マニュアルを参照してください。

なお、論理式を代入しなかった場合には、次のように誤った判断が下されることがあります。

```
(%i4) ev(3*x=0,pred);
(%o4)                        false
```

このような結果になるのを避けるために、真偽の判定をする際には、必ず論理式で記述してください。

(2) xが 1 ならばx^2+2x-3は 0 である

assume 関数を用いて、「x が 1」という仮定を登録します。

assume 関数には論理式を代入する必要があるので、$x=1$ ではなく equal(x,1) としてください。

```
(%i5) assume(equal(x,1));
(%o5)                       [inconsistent]
```

inconsistent と表示されましたが、これは矛盾しているという意味です。
facts 関数を用いて、登録されている仮定を表示します。

```
(%i6) facts();
(%o6)                       [equal(x, 0)]
```

(1) で登録した仮定が残っているのが inconsistent である原因です。

forget 関数を用いて、(1) で登録した仮定を消去します。

```
(%i7) forget(equal(x,0));
(%o7)                       [equal(x, 0)]
(%i8) facts();
(%o8)                              []
```

正しく消去されました。

それでは、assume 関数を用いて再登録します。

```
(%i9) assume(equal(x,1));
(%o9)                       [equal(x, 1)]
(%i10) facts();
(%o10)                      [equal(x, 1)]
```

今度は正しく登録されました。

ev 関数で pred を引数に指定し、「x^2+2x-3 は 0」という結論の真偽を判定します。

```
(%i11) ev(equal(x^2+2*x-3,0),pred);
(%o11)                         true
```

よって、答えは **真** になります。

(3) xが 2 ならば $\frac{1}{x-1}$は 2 である

forget 関数を用いて、(2) で登録した仮定を消去します。

```
(%i12) forget(equal(x,1));
(%o12)                    [equal(x, 1)]
(%i13) facts();
(%o13)                           []
```

正しく消去されました。

assume 関数を用いて、「x が 2」という仮定を登録します。

assume 関数には論理式を代入する必要があるので、$x=2$ ではなく equal(x,2) としてください。

```
(%i14) assume(equal(x,2));
(%o14)                    [equal(x, 2)]
(%i15) facts();
(%o15)                    [equal(x, 2)]
```

正しく登録されています。

ev 関数（省略）で pred を引数に指定し、「$\frac{1}{x-1}$ は 2」という結論の真偽を判定します。

```
(%i16) equal(1/(x-1),2),pred;
(%o16)                          false
```

よって、答えは **偽** になります。

本書では専ら ev 関数で pred を引数に指定することで真偽の判定をしていますが、is 関数や maybe 関数など他の関数でも同様の処理が可能です。

演 習 26

次の命題の真偽を調べなさい。また、その結果を計算機で検証しなさい。

(1) xが 1 ならば $2x$ は 2 である

(2) xが 2 ならば x^3-x^2-2x+2 は 4 である

(3) xが 1、y が -1 ならば $\dfrac{1+\dfrac{x+1}{y-1}}{1-\dfrac{x+1}{y-1}}$ は 0 である

■演習の解答

演習26 (1) 真 (2) 偽 (3) 真

5-3 集合の要素の個数

100 以下の自然数のうち、次の条件を満たす数の個数を求めてください。
また、その結果を計算機で検証してみましょう。(高1)

(1) 6 の倍数
(2) 6 の倍数でないもの
(3) 8 の倍数
(4) 8 の倍数でないもの
(5) 6 の倍数かつ 8 の倍数であるもの
(6) 6 の倍数、または 8 の倍数であるもの

【使う要素】

・quotient [検証①] 商を求める関数

■方針

検証①では、quotient 関数を用いて商を求めます。
教科書に解説されている方法で解いた場合には、こちらが参考になると思います。

検証②では、リストを用いて約数の中身を見える形にして計算します。
実務者向けの高度な内容になるので、細かい解説や【使う要素】は省略します。

■検証①

(1) 6の倍数

100以下の自然数全体の集合をUとし、Uの部分集合で6の倍数である集合をAとします。

quotient関数を用いて、100以下の6の倍数の個数$n(A)$を求めます

```
(%i1) quotient(100,6);
(%o1)                          16
```

よって、答えは**16個**になります。

(2) 6の倍数でないもの

100以下で6の倍数ではない数の個数は$n(\overline{A})$で表わされます。
$n(\overline{A})=n(U)-n(A)$が成り立つので、それに数値を代入します。

```
(%i2) 100-16;
(%o2)                          84
```

よって、答えは**84個**になります。

(3) 8の倍数

Uの部分集合で8の倍数である集合をBとします。quotient関数を用いて、100以下の8の倍数の個数$n(B)$を求めます。

```
(%i3) quotient(100,8);
(%o3)                          12
```

よって、答えは**12個**になります。

(4) 8の倍数でないもの

100以下で8の倍数ではない数の個数は$n(\overline{B})$で表わされます。
$n(\overline{B})=n(U)-n(B)$が成り立つので、それに数値を代入します。

```
(%i4) 100-12;
(%o4)                          88
```

よって、答えは**88個**になります。

(5) 6の倍数かつ8の倍数であるもの

quotient関数を用いて100以下の6の倍数かつ8の倍数の個数、つまり24の倍数の個数n(A∩B)を求めます。

```
(%i5) quotient(100,24);
(%o5)                              4
```

よって、答えは**4個**になります。

(6) 6の倍数または8の倍数であるもの

6の倍数又は8の倍数の個数$n\left(A\cup B\right)$は、$n\left(A\right)+n\left(B\right)-n\left(A\cap B\right)$の式から求めることが可能です。

```
(%i6) 16+12-4;
(%o6)                              24
```

よって、答えは**24個**になります。

■検証②

教科書では、倍数の個数を計算する際に、具体的に倍数を書き並べることなく理論的に求めています。

人の手で1つ1つ倍数を拾うよりは短時間で解答を得られると思いますが、実際の倍数を目で見て確認できる場面がないので、何かミスをしていた場合にそれを発見することは困難です。

そこで、この**検証②**では、リストを用いて実際に倍数を並べながら計算する方法をご紹介します。

この方法の場合には勘違いやミスを自分で発見することができるので、先生方が試験問題の解答を作成する際などにも役に立つと思います。

(1) 6の倍数

makelist関数を用いて1～100までの自然数のリストを作成し、それをLSに割り当てます。

```
(%i1) LS:makelist(i,i,1,100);
(%o1) [1, 2, 3, 4, 5, 6, 7, 8, 9, 10, 11, 12, 13, 14, 15,
```

```
16, 17, 18, 19, 20, 21, 22, 23, 24, 25, 26, 27, 28, 29, 30,
31, 32, 33, 34, 35, 36, 37, 38, 39, 40, 41, 42, 43, 44, 45,
46, 47, 48, 49, 50, 51, 52, 53, 54, 55, 56, 57, 58, 59, 60,
61, 62, 63, 64, 65, 66, 67, 68, 69, 70, 71, 72, 73, 74, 75,
76, 77, 78, 79, 80, 81, 82, 83, 84, 85, 86, 87, 88, 89, 90,
91, 92, 93, 94, 95, 96, 97, 98, 99, 100]
```

lambda関数をsublist関数の入れ子にし、LSの中から6で割った際に整数となる成分を抽出します。

```
(%i2) sublist(LS,lambda([i],featurep(i/6,integer)));
(%o2) [6, 12, 18, 24, 30, 36, 42, 48, 54, 60, 66, 72, 78,
      84, 90, 96]
```

6の倍数から構成されていることを目で追って確認してください。

さらに、この直前出力をlength関数に代入し、リストの成分の個数を求めます。

```
(%i3) length(%);
(%o3)                          16
```

よって、答えは**16個**になります。

(2) 6の倍数でないもの

lambda関数をsublist関数の入れ子にし、LSの中から6で割った際に非整数となるものを抽出します。

```
(%i4) sublist(LS,lambda([i],featurep(i/6,noninteger)));
(%o4) [1, 2, 3, 4, 5, 7, 8, 9, 10, 11, 13, 14, 15, 16, 17,
      19, 20, 21, 22, 23, 25, 26, 27, 28, 29, 31, 32, 33,
      34, 35, 37, 38, 39, 40, 41, 43, 44, 45, 46, 47, 49,
      50, 51, 52, 53, 55, 56, 57, 58, 59, 61, 62, 63, 64,
      65, 67, 68, 69, 70, 71, 73, 74, 75, 76, 77, 79, 80,
      81, 82, 83, 85, 86, 87, 88, 89, 91, 92, 93, 94, 95,
      97, 98, 99, 100]
```

6の倍数が抜けていることを目で追って確認してください。

この直前出力をlength関数に代入し、リストの成分の個数を求めます。

```
(%i5) length(%);
(%o5)                          84
```

よって、答えは**84個**になります。

(3) 8 の倍数

lambda 関数を sublist 関数の入れ子にし、LS の中から 8 で割った際に整数となるものを抽出します。

```
(%i6) sublist(LS,lambda([i],featurep(i/8,integer)));
(%o6)      [8, 16, 24, 32, 40, 48, 56, 64, 72, 80, 88, 96]
(%i7) length(%);
(%o7)                         12
```

よって、答えは **12個** になります。

(4) 8 の倍数でないもの

lambda 関数を sublist 関数の入れ子にし、LS の中から 8 で割った際に非整数となるものを抽出します。

```
(%i8) sublist(LS,lambda([i],featurep(i/8,noninteger)));
(%o8) [1, 2, 3, 4, 5, 6, 7, 9, 10, 11, 12, 13, 14, 15, 17,
      18, 19, 20, 21, 22, 23, 25, 26, 27, 28, 29, 30, 31,
      33, 34, 35, 36, 37, 38, 39, 41, 42, 43, 44, 45, 46,
      47, 49, 50, 51, 52, 53, 54, 55, 57, 58, 59, 60, 61,
      62, 63, 65, 66, 67, 68, 69, 70, 71, 73, 74, 75, 76,
      77, 78, 79, 81, 82, 83, 84, 85, 86, 87, 89, 90, 91,
      92, 93, 94, 95, 97, 98, 99, 100]
(%i9) length(%);
(%o9)                         88
```

よって、答えは **88個** になります。

(5) 6 の倍数かつ 8 の倍数であるもの

lambda 関数を sublist 関数の入れ子にし、LS の中から 6 と 8 で割った際に両方とも整数となるものを抽出します。

```
(%i10) sublist(LS,lambda([i],featurep(i/6,integer) and
featurep(i/8,integer)));
(%o10)                 [24, 48, 72, 96]
(%i11) length(%);
(%o11)                        4
```

よって、答えは **4個** になります。

(6) 6の倍数または8の倍数であるもの

lambda関数をsublist関数の入れ子にし、LSの中から6または8で割った際に整数となるものを抽出します。

```
(%i12) sublist(LS,lambda([i],featurep(i/6,integer) or
featurep(i/8,integer)));
(%o12) [6, 8, 12, 16, 18, 24, 30, 32, 36, 40, 42, 48, 54,
56, 60, 64, 66, 72, 78, 80, 84, 88, 90, 96]
(%i13) length(%);
(%o13)                    24
```

よって、答えは**24個**になります。

結局、手計算ではこの**検証②**のような方法で処理するのが困難であるために、教科書にあるような理論的な方法で解かざるを得ないわけです。

この方法は約数を実際に目で見て確認しながら計算できるので、必ず正解に到達できるというアドバンテージがあります。

このように、計算機の機能を上手に引き出すことで、手計算で解く際には見ることのできなかった具体的な計算の中身を手軽に確認することができます。

演習 27

100以下の自然数のうち、次の条件を満たす数の個数を求めなさい。また、その結果を計算機で検証しなさい。

(1) 12の倍数　(2) 12の倍数でないもの
(3) 16の倍数　(4) 16の倍数でないもの
(5) 12の倍数または16の倍数であるもの
(6) 12の倍数でも16の倍数でもないもの
(7) 12の倍数であるが16の倍数でないもの
(8) 12の倍数または16の倍数で30以上のもの

■演習の解答

演習27　(1) 8個　(2) 92個　(3) 6個　(4) 94個　(5) 12個　(6) 88個
(7) 6個　(8) 9個

5-4 順列の計算

次の計算をして、その結果を計算機で検証してみましょう。(高1)

(1) 4!、${}_5P_2$、${}_{10}P_3$ の値を求めなさい。
(2) ${}_nP_2$ =12を満たすnの値を求めなさい。
(3) a、b、c、d の 4 つの文字を 1 列に並べる方法は何通りあるか。
(4) 5 人の生徒から 3 人を選んで 1 列に並べる方法は何通りあるか。

【使う要素】

・!	[検証①] 階乗の記号
・{ }	[検証②] 集合で用いる波括弧
・functs	[検証①] 順列・組合せの計算に必要なパッケージ
・load	[検証①] パッケージを読み込むための関数
・permutation	[検証①] 順列の計算をする関数

■方針

検証①では、教科書や参考書で解説されている方法に沿って解いてみます。
数学が得意な人も苦手な人も、まずはこちらの方法を習得してください。

検証②では、(3) と (4) について、集合とリストを用いて、順列の中身を見える形にして解くことにします。
中高校生の場合、(4) を理解するのは大変かと思うので、使い方だけを覚えてください。

無理にプログラムの詳細を理解する必要はないので、細かい解説や【使う要素】などは省略します。

■検証①

(1) 4!、${}_5P_2$、${}_{10}P_3$ の値を求めなさい。

4! を計算します。

```
(%i1) 4!;
(%o1)                                    24
```

permutation 関数を用いて順列の計算をするには functs パッケージが必要なので、load 関数を用いてそれを読み込みます。

```
(%i2) load(functs)$
```

permutation 関数を用いて順列の計算をします。

```
(%i3) permutation(5,2);
(%o3)                          20
(%i4) permutation(10,3);
(%o4)                         720
```

よって、答えは**24、20、720**になります。

(2) ${}_nP_2$ =12を満たすnの値を求めなさい。

solve 関数に式を代入し、n に関する方程式を解きます。

```
(%i5) solve(permutation(n,2)=12,n);
(%o5)                    [n =-3, n = 4]
```

$n \geqq 2$ なので、答えは**4**になります。

(3) a、b、c、d の 4 つの文字を 1 列に並べる方法は何通りあるか。

a、b、c、d の 4 つの文字を 1 列に並べる方法は、${}_4P_4$ 通りあります。

```
(%i6) permutation(4,4);
(%o6)                          24
```

よって、答えは**24通り** になります。

(4) 5 人の生徒から 3 人を選んで 1 列に並べる方法は何通りあるか。

5 人の生徒から 3 人を選んで 1 列に並べる方法は、${}_5P_3$ 通りあります。

```
(%i7) permutation(5,3);
(%o7)                          60
```

よって、答えは**60通り** になります。

■検証②

(3) a、b、c、d の 4 つの文字を 1 列に並べる方法は何通りあるか。

*LS*1 に a、b、c、d の 4 つの文字をリストとして割り当てます。

```
(%i1) LS1:[a,b,c,d]$
```

permutations関数(末尾に s が付く)を用いて順列を作成します。
この関数は CPU リソースを大量に消費するので、注意してください。

```
(%i2) permutations(LS1);
(%o2) {[a, b, c, d], [a, b, d, c], [a, c, b, d],[a, c, d,
b],[a, d, b, c], [a, d, c, b], [b, a, c, d],[b, a, d, c],
[b, c, a, d], [b, c, d, a], [b, d, a, c],[b, d, c, a],
[c, a, b, d], [c, a, d, b], [c, b, a, d],[c, b, d, a],
[c, d, a, b], [c, d, b, a], [d, a, b, c],[d, a, c, b],
[d, b, a, c], [d, b, c, a], [d, c, a, b],[d, c, b, a]}
```

外側の括弧の形が「{　}」(波括弧)になっているので、集合として出力されていることが分かります。

この直前出力を cardinality関数に代入し、集合の要素の個数を求めます。

```
(%i3) cardinality(%);
(%o3)                          24
```

よって、答えは**24通り** になります。

(4) 5 人の生徒から 3 人を選んで 1 列に並べる方法は何通りあるか。

Maxima に用意されている permutations 関数(末尾に s が付く)は ${}_n\mathrm{P}_n$の計算にしか対応していないようなので、関数を自作して ${}_n\mathrm{P}_r$ が扱えるよう機能を拡張します。

functs パッケージの permutation 関数(末尾にs が付かない)についても扱ったので、すでに似たような名前の関数が 2つ出てきていることになります。

そのため、ここでは関数名の頭に Myをつけることで自作関数であることを明確に区別できるようにしたいと思います。

次の内容を maxima-init.mac ファイル※に登録し、その後で Maxima を再起動してください。

```
Mypermutation(LSET,r):=block([g,nmax:8,n:length(full_listif
y(LSET)),p:permutations(full_listify(LSET))],
if n <= nmax and r >= 1 and r <= n then g:setify(map(lambda
([i],rest(part(p,i),n-r)),makelist(i,i,1,length(p))))
else g:"Undefined.",
return(g))$
```

※maxima-init.mac ファイルの設置方法については、付録の Column を参照してください。

この Mypermutation 関数に集合が代入された場合には、それをリストに変換するようにしてあります。

rest関数を用いてn個の成分をもつリストから$n-r$個の成分を取り除き、その結果として重複したものを setify関数に代入し集合に変換することで削除しています。

なお、今回自作した Mypermutation 関数は CPU リソースを大量に消費するので、サンプルの数※が多くても 7~8 個以内に収まるような問題を扱うようにしてください。

そのサンプル数を制限するためのパラメータが*nmax*で、通常は 8 以下に設定してください。スマートフォンやタブレット、仮想化環境などで処理能力が期待できない場合には、*nmax* の値を少し減らしてください。

※「集合の要素数」「リストの成分数」のこと。
たとえば、今回代入するリストは [1,2,3,4,5] なので、サンプル数は 5 です。

さっそく、動作検証を兼ねて順列の計算をしてみます。

1~5 の 5 つの数字をリストとして*LS2*に割り当てます。

```
(%i1) LS2:[1,2,3,4,5]$
```

LS2 を自作した Mypermutation 関数に代入し、${}_5P_3$ の計算をします。

```
(%i2) Mypermutation(LS2,3);
(%o2) {[1, 2, 3], [1, 2, 4], [1, 2, 5], [1, 3, 2],[1, 3,
4], [1, 3, 5], [1, 4, 2], [1, 4, 3], [1, 4, 5], [1, 5, 2],
[1, 5, 3], [1, 5, 4], [2, 1, 3], [2, 1, 4], [2, 1, 5], [2,
```

```
3, 1], [2, 3, 4], [2, 3, 5], [2, 4, 1], [2, 4, 3], [2, 4,
5], [2, 5, 1], [2, 5, 3], [2, 5, 4], [3, 1, 2], [3, 1, 4],
[3, 1, 5], [3, 2, 1], [3, 2, 4],[3, 2, 5], [3, 4, 1], [3,
4, 2], [3, 4, 5], [3, 5, 1], [3, 5, 2], [3, 5, 4], [4, 1,
2], [4, 1, 3], [4, 1, 5], [4, 2, 1], [4, 2, 3], [4, 2, 5],
[4, 3, 1], [4, 3, 2], [4, 3, 5], [4, 5, 1], [4, 5, 2], [4,
5, 3], [5, 1, 2], [5, 1, 3], [5, 1, 4], [5, 2, 1], [5, 2,
3], [5, 2, 4], [5, 3, 1], [5, 3, 2], [5, 3, 4], [5, 4, 1],
[5, 4, 2], [5, 4, 3]}
```

正しく計算されているのかを実際に目で追って確認してください。
上の直前出力を cardinality 関数に代入し、集合の要素の個数を求めます。

```
(%i3) cardinality(%);
(%o3)                    60
```

よって、答えは**60通り** になります。

演 習　28-1

次の計算をして、その結果を計算機で検証しましょう。

(1) $5!$　　(2) $3!+4!$　　(3) $\dfrac{9!}{7!}$

(4) ${}_6P_4$　　(5) ${}_8P_2$　　(6) $\dfrac{{}_{10}P_3}{{}_6P_2}$

演 習　28-2

次の計算をして、その結果を計算機で検証しましょう。

(1)　a、b、c、d、e、f の 6 個の文字から 3 個を選んで 1 列に並べる並べ方は何通りあるか
(2)　1 から 7 までの 7 個の数字から異なる 5 個を選んで作る 5 桁の整数は何通りあるか。

■演習の解答

演習28-1　(1) 120　(2) 30　(3) 72　(4) 360　(5) 56　(6) 24
演習28-2　(1) 120　(2) 2520

第6章 プログラミング実践

４章と５章で扱った範囲の中から、ルーチン処理の部分を自作関数にまとめることで利便性が向上する項目をいくつか選び、それをプログラミング教育向けの課題として出題します。

数学とコンピュータを融合していく過程の中でどのようなことを習得できるのか、その具体的な内容について体験していきましょう。

6-1 ２次式の平方完成

2次式 $f\left(x\right)=ax^2+bx+c$ を$a(x-p)^2+q$ の形に式変形（平方完成）する関数を次の順で作ってください。

必要に応じてマニュアルなどを参照してもかまいません。（高1・高2）

```
(%i1) VF1C(a,b,c);
```

$$a(x+\frac{b}{2a})^2+c-\frac{b^2}{4a}$$ (%o1)

```
(%i2) VF1F(a*x^2+b*x+c);
```

$$a(x+\frac{b}{2a})^2+c-\frac{b^2}{4a}$$ (%o2)

(1)紙の上で手計算をして、ax^2+bx+c を $a(x-p)^2+q$ の形に式変形してください。

(2)計算機上で恒等式を解き、p , q を a , b , c を用いて表してください。

(3)計算機上で手計算の方法を再現して、ax^2+bx+c を $a(x-p)^2+q$ の形に式変形してください。

(4)上の出力にあるような「(2)の計算を元に得られた、係数 a , b , c を引数とする平方完成をするVF1C関数」と「(3)の計算を元に得られた、関数

$f(x)$ を引数とする VF1F関数」を作り、その自作関数をいつでも呼び出せるようシステムを設定してください。なお、VFは平方完成を意味する英語vertex formの、数字の1の後ろにあるCは係数を意味するcofficient の、Fは関数を意味するfunctionの頭文字です。

(5)各自で課題を設定した上で、(4)で作った自作関数の動作検証をしてください。

■方針

【使う要素】は省略します。必要に応じて、マニュアル等を参照してください。

(1)について、解説は省略します。

(2)について、恒等式は高校の数学Ⅱで学習する内容になります。

(3)について、計算機上での式変形の過程をすべて記載すると非常に長くなり、また、面白味もなくなるので、省略します。

面倒ではあるものの、導出することは可能なので、ぜひチャレンジしてみてください。

(4)について、(2)(3)のどちらの方法でも導出が困難な場合には、教科書や参考書にある公式を見ながら解いてもいいでしょう。

面白味は減るものの、作業進行の妨げにはなりません。なお、数学的に問題がないのであれば、必ずしも例題にある出力例と同じになる必要はありません。

(5)は省略します。

■検証

(1) 紙の上で手計算をして、ax^2+bx+c を $a(x-p)^2+q$ の形に式変形してください。

省略します。必要に応じて、教科書や参考書を参照してください。

(2) 計算機上で恒等式を解き、p, q を a, b, c を用いて表してください。

一般に、計算機上では手計算ほど柔軟には式変形できません。

今回のようにMaxima上で2次式を平方完成する場合には、恒等式を利用するとスマートに導くことができます。もし恒等式を学習していない場合には、高校の数学Ⅱの教科書や参考書を見ながら解いてみるとよいでしょう。

平方完成した標準形の2次式を $f(x)=a(x-p)^2+q$、一般形の2次式を $g(x)=ax^2+bx+c$ とおきます。

```
(%i1) f(x):=a*(x-p)^2+q$
(%i2) g(x):=a*x^2+b*x+c$
```

coeff関数を用いて x の次数ごとに係数を取り出し、それをもとに恒等式を作ります。

ここで注意しなければいけないのは、coeff関数には代入された式を簡易化する機能がないということです。

そのため、少なくとも $f(x)$ については、自分で簡易化をする、または、簡易化の機能を併せもつratcoef関数で処理する必要があります。

それでは、作成した恒等式をsolve関数に代入し、恒等式を解きます。

```
(%i3) solve([ratcoef(f(x),x,1)=coeff(g(x),x,1),ratcoef(f(x)
,x,0)=coeff(g(x),x,0)],[p,q]);
```

(%o3) $$[[p=-\frac{b}{2a},\quad q=\frac{4ac-b^2}{4a}]]$$

直前出力にある p、q の値を $f(x)$ に代入します。

```
(%i4) f(x),%;
```

(%o4) $$a\,(x+\frac{b}{2a})^2+\frac{4ac-b^2}{4a}$$

これで、標準形の完成です。

(3) 計算機上で手計算の方法を再現して、ax^2+bx+c を $a(x-p)^2+q$ の形に式変形してください。

Maxima上で手計算による式変形の方法を再現します。一般形の2次式を $f=ax^2+bx+c$ とおきます。

```
(%i5) f=a*x^2+b*x+c$
```

書面の都合もあるので、途中計算については省略します。

みなさんもぜひ、自分の力で解いてみてください。

筆者の場合には、次のような結果になりました。

(%o15) $$f=a(x+\frac{b}{2a})^2+c-\frac{b^2}{4a}$$

これで出来上がりです。

(4) 例題の出力にあるような関数を作り、その自作関数をいつでも呼び出せるようシステムを設定してください。

ここでは、(2)と(3)の計算結果を元に作った自作関数をMaximaに登録し、いつでも呼び出せるようにシステムを設定します。

maxima-init.macファイルに下にあるVF1CとVF1F関数を追加してください。

VF1F関数は書面の都合で2行になっていますが、実際は1行で入力してください。

```
VF1C(a,b,c):=a*(x+b/(2*a))^2+(4*a*c-b^2)/(4*a)$
VF1F(f):=block([g,a:ratcoef(f,x,2),b:ratcoef(f,x,1),c:ratco
ef(f,x,0)],g:VF1C(a,b,c),return(g))$
```

VF1F関数では、block文を使用して変数を局所変数として扱うことで、変数の衝突問題を回避しています。

自作関数を入れ子にして利用したり関数内で複雑な計算をする場合など、処理が煩雑になる可能性がある場合には、この方法でプログラムを作成するといいでしょう。

設定を保存したらMaximaを再起動してください。

(5) 各自で課題を設定した上で、(4)で作った自作関数の動作検証をしてください。

省略します。

■演習 29

以下の順で関数を作成し、その自作関数をいつでも呼び出せるようシステムを設定しましょう。必要に応じてマニュアルなどを参照していただいてかまいません。

(1) 例題で自作したVF1C関数を改良して、次のように第1引数に0が代入された場合に計算を中止する機能をもつ関数VF2Cを作りましょう。

```
(%i1) VF2C(1,2,3);
(%o1)                    (x+1)^2 +2
(%i2) VF2C(0,2,3);
(%o2)                        Undefined.
```

(2) 例題で自作したVF1F関数を改良して、次のように代入された式のx^2の係数が0である場合に計算を中止する機能をもつ関数VF2Fを作りましょう。

```
(%i3) VF2F(x^2+2*x+3);
(%o3)                    (x+1)^2 +2
(%i4) VF2F(0*x^2+2*x+3);
(%o4)                        Undefined.
```

(3) 上で自作したVF2C、VF2F関数を次のようにそれぞれVFC、VFFの別名で利用できるようにシステムを設定しなさい。

```
(%i1) VFC(1,2,3);
(%o1)                    (x+1)^2 +2
(%i2) VFC(0,2,3);
(%o2)                        Undefined.
(%i3) VFF(x^2+2*x+3);
(%o3)                    (x+1)^2 +2
(%i4) VFF(0*x^2+2*x+3);
(%o4)                        Undefined.
```

■演習の解答

演習29

(1)

```
 VF2C(a,b,c):=block([g],
if a#0 then g:VF1C(a,b,c) else
g:"undefined",return(g))$
```

(2)

```
VF2F(f):=block([g,a:ratcoef(f,x,2),
b:ratcoef(f,x,1),c:ratcoef(f,x,0)],
if a#0 then g:VF1C(a,b,c) else
g:"undefined" ,return(g))$
```

(3)

```
alias(VFC,VF2C,VFF,VF2F)$
```

6-2 分数の操作

「**4-10 平方根の計算②**」の検証②では、(1)を例に、手計算による分母の有理化の手法を計算機上で再現しました。

ここでは、そのような手計算を再現する方法で分数計算をする際に有用な関数を作ってみます。

次のように動作する関数を作成し、その自作関数をいつでも呼び出せるようシステムの設定をしてください。

もちろん、必要に応じてマニュアル等を参照していただいてかまいません(高1、高2)。

```
(%i1) f:(sqrt(2)+1)*(sqrt(2)-1)/((2+sqrt(2))*(2-sqrt(2)));
```

$$\text{(\%o1)}\quad \frac{(\mathrm{sqrt}(2)-1)\,(\mathrm{sqrt}(2)+1)}{(2-\mathrm{sqrt}(2))\,(\mathrm{sqrt}(2)+2)}$$

```
(%i2) Numexpand(f);
```

$$\text{(\%o2)}\quad \frac{1}{(2-\mathrm{sqrt}(2))\,(\mathrm{sqrt}(2)+2)}$$

```
(%i3) Denomexpand(f);
```

$$\text{(\%o3)}\quad \frac{(\mathrm{sqrt}(2)-1)\,(\mathrm{sqrt}(2)+1)}{2}$$

```
(%i4) g:1/(2-sqrt(2));
(%o4)            1
             ─────────
             2 - sqrt(2)
(%i5) Denomrat(g,2+sqrt(2));
(%o5)        sqrt(2) + 2
             ───────────
                  2
```

(1)分数の分子のみを式展開する関数Numexpandを作成してください。
(2)分数の分母のみを式展開する関数Denomexpandを作成してください。
(3)分母の有理化の際に有用な、分数の分子の分母の両方に同じ式を掛けた上で、それぞれを式展開する関数Denomratを作成してください。
(4)各自で課題を設定した上で、(1)～(3)で作った自作関数の動作確認をしてください。

■方針

【使う要素】は省略します。
必要に応じて、マニュアル等を参照してください。

■検証

(1) 分数の分子のみを式展開する関数Numexpandを作成してください。

たとえば、次のような関数をmaxima-init.macファイルに登録します。

```
Numexpand(f):=block([g,enf:expand(num(f)),df:denom(f)],
g:enf/df,return(g))$
```

block文を使用して、変数を局所変数として扱うことで、変数の衝突問題を回避します。 自作関数を入れ子にして利用したり関数内で複雑な計算をする場合など、拡張性を確保したい場合や処理が煩雑になると予想される場合には、この方法でプログラムを作成するといいでしょう。

enf には、num関数を用いて *f* から分子を取り出し、それをexpand関数で展開したものを割り当てます。
df には、denom関数を用いて *f* から分母を取り出したものを割り当てます。
g には元の分数に戻したものを割り当てます。
return関数では *g* の値を戻してblock文を抜け終了します。
設定を保存したら、Maximaを再起動してください。

(2) 分数の分母のみを式展開する関数Denomexpandを作成してください。

たとえば、次のような関数をmaxima-init.macファイルに登録します。

```
Denomexpand(f):=block([g,nf:num(f),edf:expand(denom(f))],
g:nf/edf,return(g))$
```

設定を保存したらMaximaを再起動してください。

(3) 分母の有理化の際に有用な、分数の分子の分母の両方に同じ式を掛けた上で、それぞれを式展開する関数Denomratを作成してください。

たとえば、次のような関数をmaxima-init.macファイルに登録します。

```
Denomrat(f,a):=block([g,enfa:expand(num(f)*a),edfa:expand((
denom(f)*a))],g:enfa/edfa,return(g))$
```

設定を保存したらMaximaを再起動してください。

(4) 各自で課題を設定した上で、(1)〜(3)で作った自作関数の動作確認をしてください。

省略します。

■演習30

次のように動作する関数を作り、その自作関数をいつでも呼び出せるようシステムの設定をしましょう。

もちろん、必要に応じてマニュアル等を参照していただいてかまいません。

```
(%i1) f:(x^2-1)/(x^2-3*x+2);
```

$$(\%o1)\quad \frac{x^2-1}{x^2-3x+2}$$

```
(%i2) Numfactor(f);
```

$$(\%o2)\quad \frac{(x-1)(x+1)}{x^2-3x+2}$$

```
(%i3) Denomfactor(f);
```

$$(\%o3)\quad \frac{x^2-1}{(x-2)(x-1)}$$

```
(%i4) Numfactor(%);
```

```
(%o4)
```

$$\frac{(x+1)}{(x-2)}$$

(1) 分数の分子のみを因数分解する関数Numfactorを作りましょう。
(2) 分数の分母のみを因数分解する関数Denomfactorを作りましょう。
(3) 各自で課題を設定した上で、(1)(2)で作成した自作関数の動作確認をしてみましょう。

■演習の解答

演習30

(1)

```
Numfactor(f):=block([g,fnf:
factor(num(f)),df:denom(f)],g:fnf/df,
return(g))$
```

(2)

```
Denomfactor(f):=block([g,nf:num(f),
fdf:factor(denom(f))],g:nf/fdf,return(g))$
```

(3) 省略

6-3 順列計算の可視化

「5-4 順列の計算」検証②の(4)では、Maximaのpermutations関数が$_n\mathrm{P}_r$の計算に対応していないため、Mypermutationという名前の簡易的な関数を作成し順列計算の可視化に対応しました。

```
Mypermutation(LSET,r):=block([g,nmax:8,n:length(full_listif
y(LSET)),p:permutations(full_listify(LSET))],
if n <= nmax and r >= 1 and r <= n then
g:setify(map(lambda([i],rest(part(p,i),n-
r)),makelist(i,i,1,length(p))))
else g:"Undefined.",
return(g))$
```

このMypermutation関数では*nmax*という変数を導入し*n*の最大値を8に設定しましたが、その設定がどのような意味をもつのか、実際の出力を参考にしながら見ていくことにします。

もちろん、必要に応じてマニュアル等を参照していただいてかまいません(高1)。

```
(%i1) LS:[A,B,C,D,E,F,G,H]$
(%i2) length(%);
(%o2)                          ア
(%i3) Mypermutation(LS, イ );
(%o3) {[A, B, C, D, E, F], [A, B, C, D, E, G],
[A, B, C, D, E, H], [A, B, C, D, F, E], [A, B, C, D, F, G],
[A, B, C, D, F, H], [A, B, C, D, G, E], [A, B, C, D, G, F],
[A, B, C, D, G, H], [A, B, C, D, H, E], [A, B, C, D, H, F],
[A, B, C, D, H, G], [A, B, C, E, D, F], [A, B, C, E, D, G],

                          途中省略

[H, G, F, E, A, B], [H, G, F, E, A, C], [H, G, F, E, A, D],
[H, G, F, E, B, A], [H, G, F, E, B, C], [H, G, F, E, B, D],
[H, G, F, E, C, A], [H, G, F, E, C, B], [H, G, F, E, C, D],
[H, G, F, E, D, A], [H, G, F, E, D, B], [H, G, F, E, D, C]}
(%i4) time(%);
(%o4)                       [68.92]
(%i5) cardinality(%th(2));
(%o5)                          ウ
(%i6) LS2:[A,B,C,D,E,F,G,H,I]$
```

```
(%i7) length(%);
(%o7)                              エ
(%i8) Mypermutation(LS2,3);
                            Undefined.
```

(1) ア イ エ に当てはまるものを下の選択肢から選んでください。
(2) ウ にあてはまるものを下の選択肢から選んでください。
(3)(%i3)の計算に要した時間について、もっとも近いものを下の選択肢から選んでください。
(4)中身の個数をカウントするのに(%i2)(%i7)ではlength関数が、(%i5)ではcardinality関数が使用されていますが、なぜ関数を使い分けるのか、その理由を説明してください。
(5)第1引数のLSETに代入された値が集合・リストでない場合には、エラーを出力し計算を中止する機能を追加してください。
(6)各自で課題を設定した上で、(5)で機能を追加した自作関数の動作確認をしてください。

【(1)の選択肢(重複選択可)】

①1 ②2 ③3 ④4 ⑤5 ⑥6 ⑦7 ⑧8 ⑨9 ⑩0

【(2)の選択肢】

① 28 ② 56 ③ 336 ④ 20160 ⑤ 40320

【(3)の選択肢】

① 69マイクロ秒 ② 69ミリ秒 ③ 69秒 ④ 69分 ⑤ 69時間

【使う要素】

・error エラーメッセージを表示する関数(使用は任意)

■方針

Maximaで計算する前に、一度頭で考えてから解答してください。

(2)(3)は、計算をする前に、処理の中断の仕方について調べておくといいでしょう。

スマートフォンやタブレットなど処理能力が低い端末では、処理に時間がかかり、プロンプトが戻らない可能性があります。

(4)は、マニュアルを読まないと難しいかもしれません。

日本語の資料は少ないので、英語がある程度読める必要があります。

(5)(6)について、難しくて手が付かない場合には、解答をそのまま入力し確認してもいいでしょう。それだけでも充分に勉強になると思います。

■検証

(1) ア イ エ に当てはまるものを下の選択肢から選んでください。

アについて、リストLSの成分の個数なので⑧が正解です。

イについて、(%o3)の入れ子になったリストの成分の個数なので、⑥が正解です。

エについて、リストLS2の成分の個数なので⑨が正解です。

(2) ウ にあてはまるものを下の選択肢から選んでください。

(%o3)では、順列の計算の具体的な中身を表示しています。ここでは、その中身の個数をカウントしているので、${}_8P_6=20160$つまり④が正解です。

(3) (%i3)の計算に要した時間について、もっとも近いものを下の選択肢から選んでください

単位は秒なので、③が正解です。

Maxima付属の英語のマニュアルの該当箇所には、次のように記述されています。

```
Function: time (%o1, %o2, %o3, …)
Returns a list of the times, in seconds, taken to compute
the output lines %o1, %o2, %o3, …
```

これより、計算に要した時間が秒単位のリストとして返却されることが分かります。

この約69秒という値は、著者が所有するごく一般的なノートパソコン(CPU:Intel Core i3 4005U)で測定した結果です。
試験的に要素の数を1つ追加し9にして計算するとプロンプトが戻らなくなるので、この辺が一般的なパソコンの能力の限界ではないかと思います。

今回自作したMypermutation関数のような順列計算を可視化する機能については、MathematicaでもMaximaと同様に ${}_nP_n$ は対応、${}_nP_r$ は非対応といった不完全なサポート状況になっていることから、開発者側で意図的に実装しなかった可能性があります。

今回のような性能を逸脱した使い方をするような場合、特に学校で実習として実施するような場合には、なんらかの対策をしておく必要があります。

たとえば、プロンプトが戻らなくなった場合の処置の方法や使用するデバイスで設定可能なおおよその*nmax*の値などについては、事前に調べておくといいでしょう。

教科書の解説では集合の要素が6個程度に収まる内容を扱っていることが多いので、基本的な問題を解くのであれば十分に活用できると思いますが、実務用や受験用としては機能不足であることも否めないので、この辺りは量子コンピュータの登場を期待しましょう。

ここで著者が強調しておきたいのは、コンピュータで順列計算の可視化が現状困難であるという事実ではなく、「抽象化した上で注意深く計算するしか方法がない分野」、つまり、「人間による手計算に頼らざるを得ない分野」が退屈な数学のカリキュラムの中に僅かではあるが存在していたという点です。今回のように、数学情報化は、数学のカリキュラムを従来とは別の側面から再確認する良い機会になるかもしれません。

(4) 中身の個数をカウントするのに(%i2)(%i7)ではlength関数が、(%i5)ではcardinality関数が使用されていますが、なぜ関数を使い分けるのか、その理由を説明してください。

(%o1)(%o6)の出力はリストになっています(画面には表示されていません)。

(%o3)の出力は集合になっています。リストの成分の個数をカウントする場合はlength関数を、集合の要素の個数をカウントする場合はcardinality関数を使います。

(5) 第1引数のLSETに代入された値が集合・リストでない場合には、エラーを出力し計算を中止する機能を追加してください。

今回は、問題文にあるMypermutation関数をモジュール化してみたいと思います。この方法がもっとも楽であり、かつ、拡張性も確保することができます。

まずは、問題文の中でMypermutationで定義した関数の名称をMypermutation2に変更します。

そして、エラーメッセージを「Mypermutation2で発生したエラー」であることが分かる内容にします。

今回は読者の皆様にエラーメッセージの内容を考えてもらいたいので、日本語で作る可能性を考慮しerror関数で記述しておきます。

```
Mypermutation2(LSET,r):=block([g,nmax:8,n:length(full_listi
fy(LSET)),p:permutations(full_listify(LSET))],
if n <= nmax and r >= 1 and r <= n then
g:setify(map(lambda([i],rest(part(p,i),n-r)),
makelist(i,i,1,length(p))))
else g:error("Mypermutation2: Mypermutation2 で発生したエラーで
す。"),
return(g))$
```

次に、新規にMypermutation関数を作成し、直前で定義したMypermutation2を入れ子にします。

if文の箇所で代入された*LSET*がリスト・集合であるかを判定し、リスト・集合である場合にはMypermutation2関数で計算した結果をgに割り当て、そうでない場合にはエラーメッセージを割り当てます。

そして、エラーメッセージをMypermutationで発生したエラーであることがわかる内容にしておきます。

```
Mypermutation(LSET,r):=block([g],
if listp(LSET)=true or setp(LSET)=true then
g:Mypermutation2(LSET,r)
else g:error("Mypermutation: Mypermutation で発生したエラーです。"),
return(g))$
```

上の2つの自作関数をmaxima-init.macファイルに登録し、Maximaを再起動してください。

もしプログラムを修正してもエラーが解決されない場合には、エラーメッセージを日本語にしたことが原因である可能性も考えられるので、maxima-init.macファイルの文字コードについても確認してください。

(6) 各自で課題を設定した上で、(5)で機能を追加した自作関数の動作確認をしてください。

それでは、動作検証をしてみたいと思います。

まずは、Mypermutation関数の第1引数にリストを代入した場合です。第2引数のrは仮に2としておきます。

```
(%i1) Mypermutation([A,B,C],2);
(%o1){[A, B], [A, C], [B, A], [B, C], [C, A], [C, B]}
```

問題はありません。

次に、Mypermutation関数の第1引数に集合を代入した場合です。

```
(%i2) Mypermutation({A,B,C},2);
(%o2){[A, B], [A, C], [B, A], [B, C], [C, A], [C, B]}
```

これも問題はありません。

次に、Mypermutation関数の第1引数にリスト・集合でないものを代入した場合です。

```
(%i3) Mypermutation(A+B+C,2);
Mypermutation: Mypermutation で発生したエラーです。
#0: Mypermutation(lset=C+B+A,r=2)(maxima-init.mac line 269)
 -- an error. To debug this try: debugmode(true);
```

Mypermutation関数の方にリスト・集合の判別をする機能を入れてあるので、このエラーは予想通りの結果です。

では、Mypermutation2 関数に直接(Mypermutation関数を通さずに)リストや集合でないものを代入した場合はどうなるのでしょうか。

```
(%i6) Mypermutation2(A+B+C,2);
"$permutations": argument must be a set; found: C+B+A
#0: Mypermutation2(lset=C+B+A,r=2)(maxima-init.mac line
259)
 -- an error. To debug this try: debugmode(true);
```

このエラーは自作関数ではなく Maxima の permutations 関数(末尾にsがつく)によって生成されたもので、引数は集合でなければならないと表示されています(リストでも動作します)。

Mypermutation2 関数の方にはリスト・集合の判別をする機能を入れていないので、代入値はそのまま Maxima の permutations 関数に引き渡され、そこでエラーが発生したわけです。
したがって、これも予想通りの動作です。

動作検証を終えたら、エラーメッセージを通常の内容に戻して終了します。

■演習31

6-3を参考にして、以下の問いに答えましょう。

もちろん、必要に応じてマニュアル等を参照していただいてかまいません。

(1) Mypermutation 関数を用いて$_nP_r$の計算をするのに要する時間を（可能な範囲で）測定し、その結果を下の表に書き入れてみましょう。

(2)作った表を参考に、あなたの使用する端末における最適な $nmax$ の値を決定しましょう。

もし、その値がデフォルトの設定値と異なる場合には、それを修正しなさい。

(3)空白として残った箇所について、将来、量子コンピュータを使う機会があればそれを埋めてみましょう。

n＼r	1	2	3	4	5	6	7	8	9	10	11	12
5												
6												
7												
8												
9												
10												
11												
12												

※演習の解答は省略します。

付録

■ Windows 向け、maxima-init.mac ファイルの設置について

Windowsの場合には、次のフォルダの中に maxima-init.macファイルを設置して、Maxima を再起動してください。

C:¥Users¥ユーザー名¥maxima¥	(Windows Vista 以降)
C:¥Documents and Settings¥ユーザー名¥maxima¥	(WindowsXP の場合)

■Mac OS X 向け、maxima-init.mac ファイルの設置と管理

Mac OS X の場合には、次のフォルダの中に maxima-init.mac ファイルを設置し、Maxima を再起動してください。

maxima の前に隠しフォルダを意味する「.」(ドット)があることに注意してください。

```
/Users/ユーザー名/.maxima/
```

しかしながら、Finderからは、フォルダ名がドットから始まる隠しフォルダを参照できないため、このままだと設定ファイルを入れる「.maxima」フォルダにアクセスすらできません。

本書では設定ファイルを編集する機会が頻繁にあるので、ここではFinderから「.maxima」フォルダにアクセスできるようにシステムを改良しておきます。

以下の順に、作業を実施してください。

手　順

[1] Finder メニューバーから「移動」→「ユーティリティ」→「ターミナル」の順に選択し、ターミナルを開きます。

[2]「.maxima」という名前でフォルダを作成します。

「 m 」の直前にある「 . 」(ドット)も正確に入力して、入力が終わったら、「return」キーを押します。

なお、「.maxima」フォルダがすでに存在している場合は、「mkdir: .maxima: File exists 」と表示され、フォルダは作成されることはありません。

```
MacBook:~ MaximaUser$ mkdir .maxima
```

[3] エイリアス(シンボリックリンク)を作ります。

次のコマンドには maxima という文字列が 2 つ並んでいますが、左側は「m」の直前に「 . 」(ドット)がついていることに注意してください。

入力が終わったら、「return」キーを押してください。

```
MacBook:~ MaximaUser$ ln -s .maxima maxima
```

[4] Finder メニューバーから「移動」→「ホーム」の順に選択し、ウィンドウを開きます。

その中に「maxima」という名前のフォルダがあること、そのフォルダのアイコンの左下にエイリアス(シンボリックリンク)を意味する小さな矢印がついていることを確認してください。

これで「.maxima」という隠しフォルダに「maxima」という別名でアクセスできるようになりました。

以降はコマンドを使わずに設定ファイルの編集作業が可能です。

■ Android 向け、maxima-init.mac ファイルの設置と管理

Android スマートフォン・タブレットの場合の maxima-init.mac ファイルの設置方法について、「ユーザー（あるいは生徒）向けの比較的簡単な方法」を2つと、「システム管理者（あるいは先生）向けの方法」を1つ、計3つを簡単に紹介します。

手　順　パソコンから Android 端末に設定ファイルを転送する方法（ユーザー向け）

[1] パソコンと Android 端末を USB ケーブルで接続し、パソコンから端末に設定ファイルを転送します。

パソコンをメインで使う方は、こちらを推奨します。

パソコン（Windows10）と Android 端末（Pixel 3a）を USB ケーブルで接続します。

Windows でエクスプローラーを起動し「PC」を開くと、「デバイスとドライブ」の中に今回の動作検証で使用する「Pixel 3a」が表示されるので、それをダブルクリックして開きます。

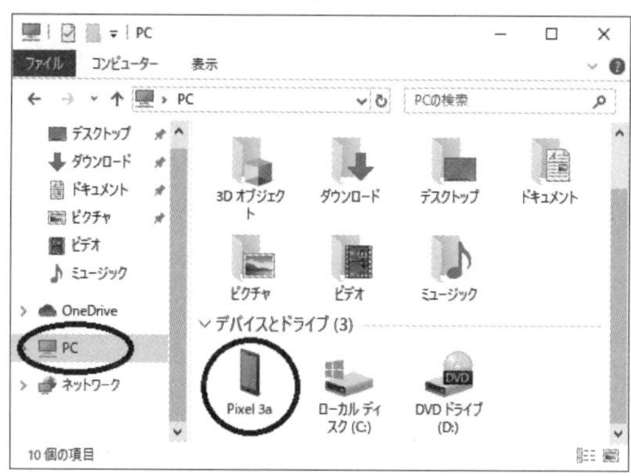

図 A-1 「Pixel 3a」のアイコン

[2] もし「デバイスとドライブ」の中に Android 端末のアイコンが表示されない場合は、次の2点を調べてください。

- Android 端末の USB の設定
- USB ケーブルがデータ転送に対応していること

図A-2は、「Pixel 3a」で「設定」→「接続済みのデバイス」→「USB」の順に選択した場合の設定画面です。

図A-2 「Pixel 3a」の USBの設定画面

[3]「内部共有ストレージ」が表示されるので、それをダブルクリックして開きます。

図A-3 「内部共有ストレージ」のアイコン

[4]「Download」フォルダが表示されるので、それをダブルクリックして開きます。

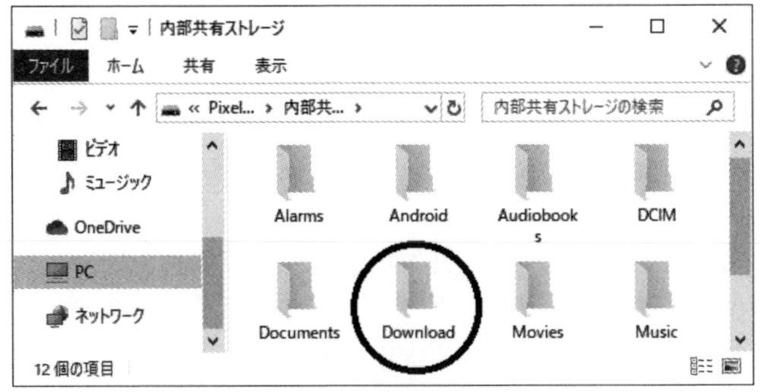

図A-4　Downloadフォルダのアイコン

[5]「Download」フォルダの中に、maxima-init.macファイルをコピーします。

　Windows版Maximaの設定ファイルをそのままコピーしてもかまいません。

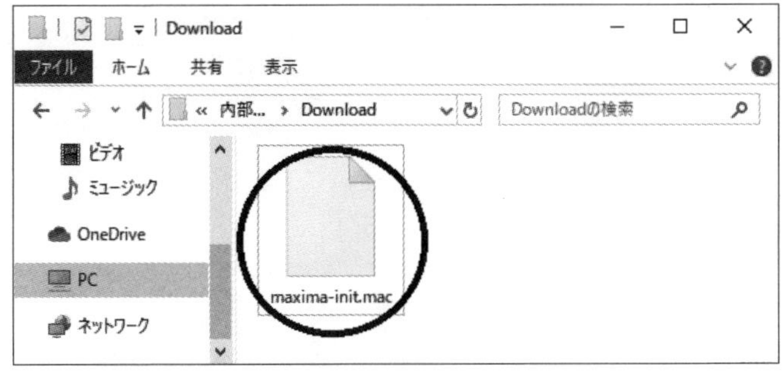

図A-5　「Download」フォルダにコピー

[6] 作業が終了したら、Maxima on Androidを再起動してください。

　もし再起動後に動作に問題がある場合には、次の項目を確認してください。

- maxima-init.macファイルの文字コードがUTF-8になっていること
- 「設定」→「アプリと通知」→「Maxima On Android」→「権限」で「ファイルとメディア」が許可になっていること

「家にパソコンがない」「パソコンが設置されていない一般教室でスマートフォンやタブレットを使って実習をする」場合など、パソコンを使わずに作業を完結させる必要がある場面では、こちらを推奨します。

手 順　Android端末内で設定作業を完結させる方法(ユーザー向け)

[1] Google Play ストアからテキストエディタをダウンロードします。

テキストエディタの機能をもつファイルマネージャーでもいいですし、すでに端末にインストールされている場合にはそれを活用してもかまいません。

できれば、文字コード変換の機能をもつものを推奨します。

今回は、「Qreatia Free」という無料版のテキストエディタをインストールします。

※「Qreatia」には、有料版も用意されているようです。

図A-6　テキストエディタの検索

[2] インストールが終了したら、「開く」をタップします。

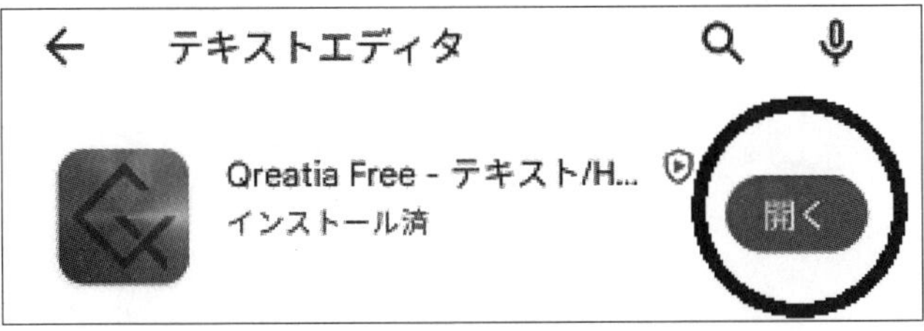

図A-7　アプリを開く

[3] ここでは例として、**6-1** で作った VF1C 関数を登録してみます。
スクリーンキーボードから、次のように入力します。

```
VF1C(a,b,c):=a*(x+b/(2*a))^2+(4*a*c-b^2)/(4*a)$
```

入力を終えたら、「MENU」をタップします。

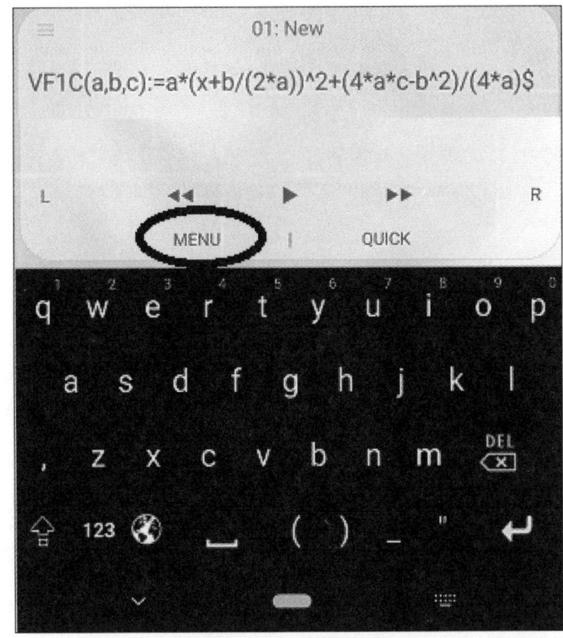

図A-8　編集作業の画面

[4]右上の「ファイルを保存」をタップしてください。

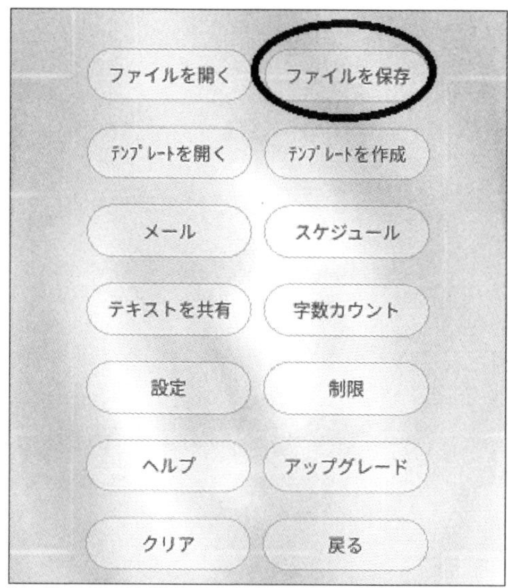

図A-9 「MENU」の画面

もし「アクセスの許可」を求めてきたら、「許可」をタップします。

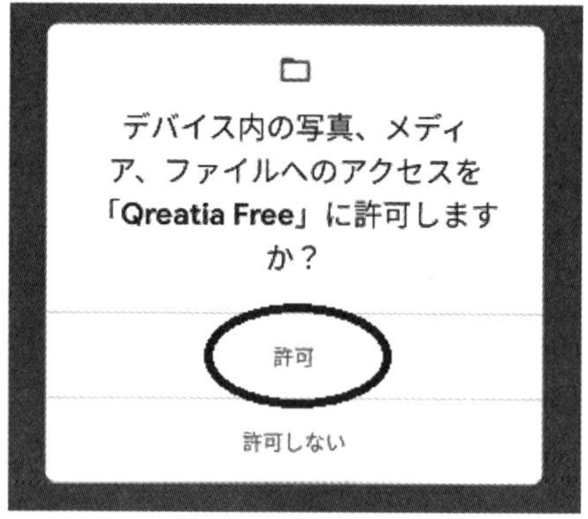

図A-10 アクセス許可の画面

[5]「HOME」→「Download」の順にタップすると、「/storage/emulated/0/Download」に移動します。

入力窓にファイル名「maxima-init.mac」と入力し、「保存」をタップしてください。

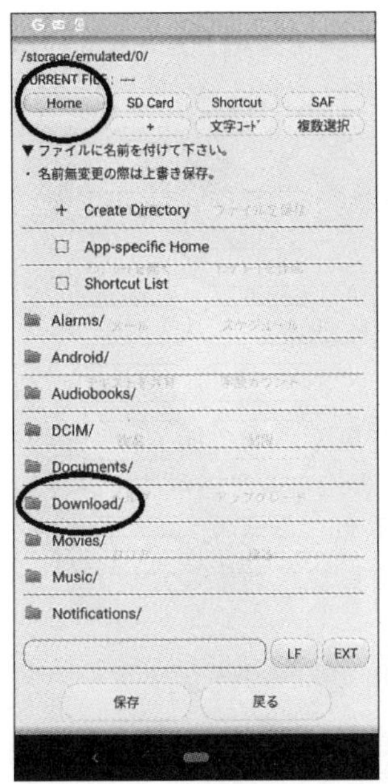

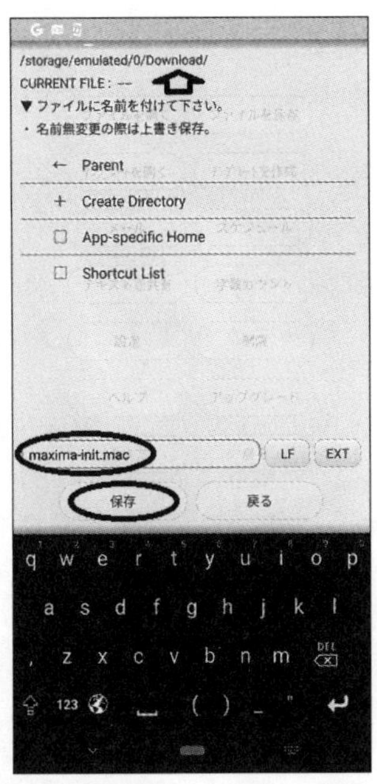

図A-11　保存先選択の画面

[6] 作業が完了したら、エディタを終了し Maxima on Android を再起動してください。もし再起動後の動作に問題がある場合には、「設定」→「アプリと通知」→「MaximaOnAndroid」→「権限」の順にタップし、「ファイルとメディア」が許可になっているかを確認してください。

今回は、設定ファイルの編集と保存について、自作関数の初回登録作業を兼ねて解説をしました。

次回以降は既存のファイルを編集することになるので、「MENU」の画面から「ファイルを開く」を選択し「maxima-init.mac」ファイルの中身を画面に表示させてから作業を開始してください。

手 順　adbコマンドを使用する方法(システム管理者向け)

先に紹介した2つの方法ではユーザー領域への書き込みしかできませんが、ここで紹介する方法ではそれ以外の領域にも書き込みをすることが可能です。

たとえば、先生が用意した環境を生徒が変更できないような形で運用したい場合には、この方法を推奨します。

ここでは、Windows版Maximaのmaxima-init.macファイルをAndroid端末(Pixel 3a)にコピーして利用するものと仮定して、要点のみ簡単に解説します。

なお、端末をroot化する必要はありません。

[1] Android Studio(SDK Platform-Toolsでもよい)をWindowsパソコンにインストールし、adbコマンドを使えるように設定します。
[2] Android端末でUSBデバッグを有効にします。
[3] パソコンとAndroid端末をデータ転送に対応したUSBケーブルで接続します。
[4] Windows版Maximaのmaxima-init.macファイルをAndroid端末にコピーします。

コマンドプロンプトを開き、次のコマンドを実行してください

```
C:¥Users¥ユーザー名> adb push C:¥Users¥ユーザー名
¥maxima¥maxima-init.mac /data/local/tmp/
```

※紙面では2行ですが、実際には1行で入力します。

ここで指定した「/data/local/tmp」は、ユーザーにアクセスが許可されていないファイル検索パスに含まれる領域になります。

[5] 成功した場合には、たとえば次のように表示されます。

```
maxima-init.mac: 1 file pushed, 0 skipped. 32.1 MB/s (23229
bytes in 0.001s)
```

[6] Maxima on Androidを再起動します。

もし再起動後の動作に問題がある場合には、maxima-init.macファイルの文字コードがUTF-8になっていることを確認してください。

関連図書

I/O BOOKS 「配列処理」「グラフ作成」から「統計解析」「数式処理」まで

「科学技術計算」で使う Python

■林 真　■A5判160頁 ■本体2,300円

スクリプティング言語「Python」の普及が進み、最近は「主力のプログラミング言語」の1つになりました。

特に「数式計算処理」や「機械学習」などのパッケージが充実してきたこともあり、多くの分野で「Python」を使ってプログラミングしています。

本書はその中で、「科学技術計算」に使う、「数式処理」「グラフ作成」などの初歩的な項目をまとめたものです。

I/O BOOKS

「物理数学」と「プログラム」でわかる「音」の解析

■君島　武志　■A5判160頁 ■本体1,900円

昨今の「音響システム」を理解するには、「物理」や「数学」の知識が不可欠になっています。

本書では、音響工学、波動方程式、伝達関数・古典制御、ラプラス変換・電気回路、Arduinoによるサウンドシステム、振動と波動の6項目にまとめています。

基礎知識のある方はもちろん、これから「音響工学」を志す方にも理解を深めるのに役立つ内容になっています。

I/O BOOKS フリーツールによる「グラフ処理」から「画像処理」まで

数値計算&可視化ソフト Yorick

■横田 博史　■B5判368頁［DVD付］　■本体2,800円

≪フリーツールによる「グラフ処理」から「画像処理」まで≫

数値計算&可視化ソフトといえば、やはり「MATLAB」が有名でしょう。しかし、これは非常に高価であり、手軽に使うことはできません。

「Yorick」(ヨリック)は、MATLABと同じような機能をもった国際的なオープンソースのソフトで、しかもC言語のように操作することが可能。「軽い」「速い」「高機能」を売りにした、フリーのアプリケーションです。

本書は、この「Yorick」の使い方を、添付DVD-ROMの「KNOPPIX/Math」を使いながら解説していきます。

索　引

記号

アルファベット順

<A>

<B>

<C>

<D>

<E>

<F>

<G>

<H>

<I>

<L>

<M>

五十音順

■著者略歴

河西　つかさ（かわにし・つかさ）

静岡県出身 。神戸大学大学院博士後期課程修了。博士（理学）。

学生時代から、研究の傍ら、UNIX やネットワークシステムの管理者をしていた。
プログラミングは、小学生のころにBASICや機械語で遊んでいたのがはじまり。
数式処理ソフトは、Maxima と Mathematicaを永く愛用している。

趣味は自動車全般。学生のころから「AE86トレノ」に乗っているが、最近は車庫で冬眠しているので、いつか復活させようと考えている。

本書の内容に関するご質問は、
①返信用の切手を同封した手紙
②往復はがき
③ FAX (03) 5269-6031
（返信先の FAX 番号を明記してください）
④ E-mail　editors@kohgakusha.co.jp
のいずれかで、工学社編集部あてにお願いします。
なお、電話によるお問い合わせはご遠慮ください。

サポートページは下記にあります。

[工学社サイト]
http://www.kohgakusha.co.jp/

I/O BOOKS

数学初心者のためのMaxima入門

2022年12月30日　初版発行　©2022

著　者　河西　つかさ
発行人　星　正明
発行所　株式会社工学社
〒160-0004 東京都新宿区四谷 4-28-20 2F
電話　(03) 5269-2041（代）［営業］
　　　(03) 5269-6041（代）［編集］
振替口座　00150-6-22510

※定価はカバーに表示してあります。

印刷：(株) エーヴィスシステムズ
ISBN978-4-7775-2230-9